→ Nimm dir Zeit!

Beobachte den Vogel so lange wie möglich. Falls er fliegt, beobachte ihn schon im Flug. Warte nicht, bis der Vogel sich hinsetzt. Das macht er vielleicht gar nicht. Kannst du Merkmale erkennen?

Ein Turmfalke, der rüttelnd in der Luft steht, ist unverkennbar.

AF627736

Vögel kannst du überall finden!

Zwar werden einige Vogelarten immer seltener, aber du findest mit der Zeit mehr, als du denkst. Du kannst mehr Vögel entdecken, wenn du

- → aufmerksam bist, auch dann, wenn du gar nicht gezielt nach Vögeln suchst
- → auf Rufe und Gesänge achtest, denn Hören hilft beim Entdecken oft mehr als das Sehen
- → auf Warnrufe von Singvögeln achtest, sie können auf Greifvögel oder Eulen hinweisen
- → Baumspitzen oder andere exponierte Warten nach Vögeln absuchst

Das Schwarzkehlchen sitzt frei sichtbar auf Aussichtspunkten in der Landschaft.

Mehr entdecken, mehr verstehen

DAS KOSMOS VERSPRECHEN

Expertenwissen seit 1822

Welches Thema dich auch begeistert – auf unsere Expertise kannst du dich verlassen. Und das schon seit über 200 Jahren.

Unser Anspruch ist es, dich mit wertvollem Rat zu begleiten, dich zu inspirieren und deinen Horizont zu erweitern.

BEGEISTERUNG DURCH KOMPETENZ

Unsere Autorinnen und Autoren vereinen professionelles Know-how mit großer Leidenschaft für ihre Themen.

WISSEN, DAS DICH WEITERBRINGT

Leicht verständlich, lebensnah und informativ für dich auf den Punkt gebracht.

SACHVERSTAND, DEN MAN SEHEN KANN

Mit aussagestarken Fotos, Zeichnungen und Grafiken werden Inhalte besonders anschaulich aufbereitet.

QUALITÄT FÜR HEUTE UND MORGEN

Dafür sorgen langlebige Verarbeitung und ressourcenschonende Produktion.

Du hast noch Fragen oder Anregungen?
Dann kontaktiere unsere Service-Hotline: 0711 25 29 58 70
Oder schreibe uns: kosmos.de/servicecenter

NATURE GUIDE

VÖGEL

Kalle Nibbenhagen
@ornithologiefueranfaenger

KOSMOS

Unterwegs mit deinem NatureGuide

NatureGuide – Wissen

WAS MIR GEHOLFEN HAT ODER IMMER NOCH HILFT:
Vogelstimmen lernen – ganz einfach 32
ES HAUT DICH WEG, WENN DU DAS SIEHST: Faszination Greifvogelzug 50
LASS DIR ZEIT, WENN DU EINE ART ERKANNT HAST:
Die eigentliche Beobachtung fängt erst nach der Bestimmung an 64
HÖREN SICH OFT ALBERN AN, ABER HELFEN UNGEMEIN:
Nützliche Eselsbrücken für Vogelstimmen 102
GENAU HINSCHAUEN LOHNT SICH: Der knifflige Meisenvergleich 116
HIER IST IMMER ETWAS LOS! Vögel an der Futterstelle 150

NatureGuide – Inspiration

EINS SEIN MIT DER NATUR:
Wie ein Neuntöter-Paar mich einen anderen Blick auf die Natur lehrte 124

App-Codes 154 | Register 155 | Impressum 159 | Interview mit Kalle 160

Du bekommst Filme und Vogelstimmen mit der App KOSMOS PLUS. Schau auf die hintere Umschlagklappe wie es geht!

INHALT

ZWEI BÄUME IM GARTEN 6 | Das Nest im Baum 8
Zu Hause starten 9 | Vogelstimmen lernen 9
Vogelbeobachtung geht überall 10 | Natur und Vögel sind toll 11

Die Vögel – einfach finden mit dem Farbcode

Entenvögel, Reiher u. a. 14
Watvögel, Möwen u. a 28
Greifvögel, Falken 52
Eulen 60
Tauben, Spechte u. a. 66
Singvögel 82

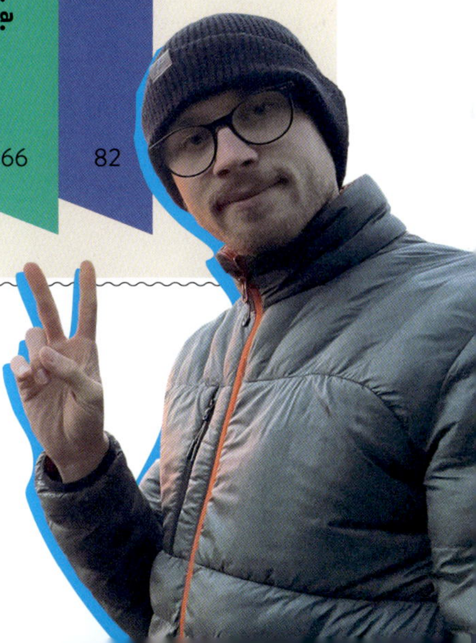

DER KOSMOS-FARBCODE

Diese grobe Einteilung nach Gruppen gibt dir eine erste Orientierung, wo im Buch du die verschiedenen Vögel findest.

Zwei Bäume im Garten

EIN BAUM, DER MICH PRÄGTE Schon als Kinder waren wir viel draußen. Die Waldtage im Kindergarten waren meine Lieblingstage und auch mit meinem Vater unternahm ich am liebsten Regenspaziergänge. Wenn ich nicht Fußball spielte, streifte ich am liebsten durch die Wälder, baute mit meinem besten Freund Geheimverstecke in den Weinbergen oder beobachtete das Leben direkt vor der Haustür im Garten. Doch neben den Marienkäfern und Grashüpfern gab es bei uns im Garten zwei große Douglasien, die es mir sehr angetan hatten. Die zwei Douglasien standen etwa einen Meter auseinander, sodass sie eine gemeinsame Krone ausbildeten und aus der Ferne aussahen wie ein einzelner Baum. Ein Baum voller Leben! Regelmäßig liefen Eichhörnchen am Stamm hoch und runter. In einem Jahr brüteten auch Türkentauben sehr niedrig in einer der Douglasien. Von Anfang an konnten wir die Balz, den Nestbau und die Eiablage mitverfolgen. Keine fünf Meter vom Badfenster entfernt sollte die nächste Generation Türkentauben großgezogen werden.

Meine Liebe zur Natur, und vor allem zu Vögeln, wurde schon als Kind entfacht.

Ich war schon immer gerne draußen unterwegs.

Bald schlüpften die Jungen und beide Eltern waren den ganzen Tag damit beschäftigt, genügend Nahrung für die drei Jungvögel herbeizuschaffen. Alles verlief reibungslos, bis eines Morgens – meine Schwester und ich putzten uns gerade die Zähne – zwei Rabenkrähen zielgerichtet zum Nest flogen und alle Jungvögel mitnahmen. Das war kein schönes Erlebnis, weil wir als Familie so mit den Türkentauben mitgefiebert hatten. Es war aber ein Erlebnis, das mir gezeigt hat, dass es in der Natur kein Gut und Böse gibt: Auch die Rabenkrähen hatten wahrscheinlich irgendwo hungrigen Nachwuchs im Nest, der gefüttert werden wollte.

Das Nest im Baum

Wenige Jahre später sollte dann auch ein Krähenpaar in der obersten Spitze der Douglasien ein Nest bauen und erfolgreich brüten. Trotz der negativen Vorerfahrung war es spannend zu beobachten, wie alle Greifvögel und Turmfalken im Umkreis von einigen hundert Metern angegriffen und vertrieben wurden, wenn sie dem Nest der Rabenkrähen zu nahe kamen. Nach einer erfolgreichen Brutsaison verwaiste das Nest und wurde dankend von einem Turmfalken-Paar angenommen, das in den Folgejahren für viele schöne Momente im Garten sorgte. Doch eines Jahres im Frühling schritten sie nicht mehr zur Brut. Das Nest blieb leer und ich war traurig. An einem heißen Junitag gab es dann aber eine riesige Überraschung. Ich mähte den Rasen, ging um die Ecke und auf einmal saß eine junge Waldohreule einige Meter vor mir im Efeu unter den Douglasien. Ein Anblick, den ich bis heute nicht vergessen habe. Der Waldohreulen-Ästling kletterte in den nächsten Tagen viel auf dem Gartentisch herum oder versteckte sich tagsüber in der Hecke. Jeden Abend flog ein Altvogel aus dem benachbarten Walnussbaum und versorgte den Jungvogel mit Nahrung.

Waldohreulen-Ästlinge dösen den Tag über in Bäumen.

Vogelbeobachtung direkt im Garten – viele prägende Beobachtungen hatten sich dort zugetragen, lang bevor ich mich selbst als Vogelbeobachter bezeichnet hätte. Auch heute noch ist für mich die Vogelbeobachtung direkt vor der Haustür etwas ganz Besonderes.

KOMM MIT!

In meinen Videos auf YouTube nehme ich dich mit auf Entdeckungstour. Folge mir gerne auf YouTube unter @KalleNibbenhagen und @ornithologiefueranfaenger.

Zu Hause starten

Mir geht es so: Je besser ich die Gebiete kenne, desto mehr entdecke ich und desto besser kann ich das Gesehene auch einordnen. In diesem Buch habe ich ein spezielles Augenmerk auf die Vögel gelegt, die du bei dir in unmittelbarer Nähe finden kannst.
Neben klassischen Artporträts, die den jeweiligen Vogel genauer vorstellen, wirst du auch einige Sonderseiten in diesem Buch finden, auf denen ich dir von weiteren persönlichen Erfahrungen berichte. Zusätzlich wirst du ähnliche Arten wie die Sumpf- und Weidenmeise im Direktvergleich sehen. Die Artporträts enthalten konzentrierte Informationen, die dir bei der Bestimmung helfen. Zusätzlich wirst du viele spannende Fakten, Eselsbrücken und kleine Geschichten über die Arten finden.

Vogelstimmen lernen

Im Buch erwarten dich auch viele Tipps und Tricks, wie du am besten Vogelstimmen lernst. Als ich mit der Vogelbeobachtung angefangen habe, habe ich viel weniger gesehen als heute. Das liegt unter anderem daran, dass ich das Beobachten als etwas betrachtet habe, was ich mit meinen Augen erlebe. Mein Gehörsinn war zweitrangig. Doch genau dahinter steckt der Schlüssel zu besonderen Beobachtungen. Aufmerksam mit offenen Ohren durch die Welt gehen – und natürlich dem entsprechenden Vogelstimmen-Wissen. Ich gebe dir einige nützliche Tipps an die Hand, wie auch du Vogelstimmen mit Spaß und Erfolg lernen kannst.

Unter den Stockenten rastet eine männliche Knäkente (zweite von rechts).

Vogelbeobachtung geht überall

Viele Menschen fahren in weit entfernte Gebiete, um Vögel zu beobachten. Das hat natürlich seine Daseinsberechtigung und auch ich bin gerne in unbekannten Gebieten zur Vogelbeobachtung, die nicht vor der Haustür liegen. Ich liebe die Küste, die Watvögel und Möwen dort, und die frische Seeluft. Ich liebe die Berge, die spezialisierten Arten, die Aussichten und die Ruhe, wenn ich schon lange vor Sonnenaufgang losgewandert bin. Aber ich liebe es auch, die kleinen, auf den ersten Blick unscheinbaren und unspektakulären Gebiete rund um meinen Wohnort zu entdecken. Mit einem Freund scherze ich immer wieder über das „Wasservogel-Erlebnis", wenn wir auf Zehenspitzen an einer Hecke stehen, um auf einem Baggersee die drei Stockenten, zwei Blässhühner und zwei Nilgänse zu beobachten. Das ist natürlich nicht mit den Vogelansammlungen an der Küste, am Bodensee oder an Stauseen zu vergleichen, aber darum geht es ja auch gar nicht. Mir geht es darum, das Verhalten einzelner Individuen zu beobachten, Gefiederdetails zu sehen und die Schönheit der Natur zu genießen. Und wenn dann auf dem besagten Baggersee im Frühling alle paar Jahre eine Knäk- oder Löffelente rastet, dann ist die Freude umso größer.

Gerade die häufigen Arten haben für mich einen großen Reiz.

Natur und Vögel sind toll

Mit diesem Buch möchte ich dich für die gewöhnlichen Dinge und Besonderheiten der Vogelbeobachtung begeistern, dich mitreißen und motivieren rauszugehen, auch wenn es dir nicht danach ist. Ohne Erwartungen loszugehen, sich überraschen zu lassen und das mit Freude und Zufriedenheit, das ist so toll. Einfach das schönste Hobby der Welt genießen! Es ist ein Privileg, das erleben zu können.

Für mich leitet sich daraus auch eine große Schutzverantwortung ab. Wir müssen alles dafür tun, diese Schätze der Natur für künftige Generationen zu bewahren, damit auch sie noch Haussperlinge im Garten, Seeadler an der Küste und Knäkenten auf dem Baggersee beobachten können. Doch damit wir die Natur und die Vogelwelt schützen können, müssen wir sie zuerst kennenlernen und schätzen lernen. Wenn ich mit diesem Buch einen kleinen Schritt dazu beitragen kann, hat es seinen Zweck erfüllt.

Das sollte erstmal genug Vorgeplänkel gewesen sein. Schnapp dir dein Fernglas, gehe raus und entdecke die Vogelwelt. Ich wünsche dir dabei ganz viel Spaß!

ARTPORTRÄTS

Die schönsten Beobachtungen entstehen dann, wenn man sie am wenigsten erwartet. Jeder Beobachtungsgang lohnt sich – es gibt einfach immer etwas zu entdecken.

Jetzt komm mit und los geht's zu einigen unserer Vogelarten, die du echt kennenlernen solltest.

Höckerschwan 001

Cygnus olor, Entenvögel

LÄNGE: 140 – 160 cm
GEWICHT: 6,6 – 15 kg
BEI UNS: ganzjährig
LEBENSRAUM: Seen, Teiche, Flüsse, auch in Siedlungen und Parks

Der graue Jungvogel sieht seinen Eltern noch nicht wirklich ähnlich.

ELEGANTER RIESE Der Höckerschwan ist ein großer weißer Wasservogel. Über seinem orangeroten Schnabel thront ein dicker schwarzer Höcker, der beim Männchen ausgeprägter ist. Im Jugendkleid sind Höckerschwäne schmutzig graubraun gefärbt. Der Schnabel ist erst dunkel und verfärbt sich im Verlauf des ersten Winters blassrosa. Die Jungvögel sind noch im zweiten Kalenderjahr von den Altvögeln gut zu unterscheiden, auch wenn langsam das graubraune dem weißen Federkleid weicht.
AUFPASSEN Höckerschwäne sind meist an den Menschen gewöhnt und nicht scheu. Außerhalb der Brutzeit kommen sie gerne in größeren Gruppen vor. Zur Brutzeit sind sie dagegen sehr territorial und verteidigen ihren Nachwuchs vehement gegen andere Wasservögel, aber auch gegen Hunde und Menschen. Gerade bei städtischen Höckerschwänen mit Nest oder Nachwuchs in der Nähe ist daher besondere Vorsicht geboten. Am häufigsten hört man einen explosiven „Hjorr"-Ruf. Höckerschwäne können aber auch fauchen. Im Flug erzeugen die einzelnen Flügelschläge ein lautes Wummen.
ÄHNLICH, ABER MIT GELB Die ebenfalls weißen Singschwäne und Zwergschwäne sehen Höckerschwänen ähnlich. Beide Arten brüten aber nördlich und sind bei uns eher Wintergäste. Diese zwei Arten haben einen Gelbanteil im Schnabel.

dicker Höcker
orangeroter Schnabel
langer S-förmiger Hals
GEWICHTIG
Einer der schwersten flugfähigen Vögel weltweit.

Graugans 002

Anser anser, Entenvögel

LÄNGE: 74 – 84 cm
GEWICHT: 2 – 4 kg
BEI UNS: ganzjährig, häufiger im Winter
LEBENSRAUM: brütet in Feuchtgebieten und Seen, Nahrungssuche auf Feldern

Grauganskküken werden auch Gössel genannt und sind Nestflüchter.

GEMEINSAM UNTERWEGS Die aufmerksamen Vögel suchen in Familienverbänden Nahrung auf Feldern und Wiesen und lassen sich dabei gut beobachten. Die kräftigste heimische Gans brütet auch bei uns. Viele Brutpaare sind auf ausgesetzte Vögel zurückzuführen. Aus der Graugans wurde die Hausgans gezüchtet. Graugänse rufen laut nasal-gackernd. Im Winter gibt es in Norddeutschland große Gänseansammlungen. Darunter sind dann auch nordische Gänse wie Weißwangen-, Bläss- und Saatgänse.

Nilgans 003

Alopochen aegyptiaca, Entenvögel

LÄNGE: 63 – 73 cm
GEWICHT: 1,5 – 2,2 kg
BEI UNS: ganzjährig
LEBENSRAUM: brütet hauptsächlich in Stadtparks und an städtischen Gewässern

Im Flug siehst du die weißen Vorderflügel.

ANSPRUCHSLOSER NEUBÜRGER Erst im 17. Jahrhundert siedelte sich die afrikanische Gans in Europa an. Von England aus breiteten sich verwilderte Parkvögel in ganz Europa aus. Mittlerweile sind sie aus den meisten Stadtparks und vielen Gewässern nicht mehr wegzudenken.

KÄMPFERHERZ

Nilgänse verhalten sich zur Brutzeit anderen Wasservögeln gegenüber manchmal aggressiv und verteidigen sehr gut ihre Jungen.

ERPEL SIND NICHT IMMER SO BUNT

Männliche Stockenten mausern im Sommer in das unauffälligere Schlichtkleid. Bei der Mauser im Spätsommer stoßen sie alle Schwungfedern gleichzeitig ab und sind für 3–4 Wochen flugunfähig. Dann brauchen sie besonders viel Ruhe.

Stockente 004 005

Anas platyrhynchos, Entenvögel

LÄNGE: 50 – 60 cm
GEWICHT: 750 – 1500 g
BEI UNS: ganzjährig
LEBENSRAUM: auf fast allen Gewässern zu finden

BEKANNT UND BELIEBT Kaum ein anderer Wasservogel ist so bekannt wie die Stockente. Der Erpel mit dem grünen Kopf und auch das unauffälliger gefärbte Weibchen gehören zu den häufigsten heimischen Wasservögeln. Beide Geschlechter haben einen charakteristischen, weiß eingerahmten blauen Spiegel. Der Spiegel bezeichnet auffällig farbig schillernde Partien der Handschwingen, die auch bei der Bestimmung helfen.

BUNTE VIELFALT IN DER STADT
Die Stockente ist die Wildform der gezüchteten Hausente. Gerade in Siedlungsnähe sieht man heute immer wieder anders gefärbte Stockenten mit weißer Brust. Das sind „fehlfarbene" Stockenten, bei denen ein Elternteil Zuchteinfluss hat. Stockenten brüten an fast allen Gewässern und sind teilweise wenig scheu.

IM TARNKLEID

Die Weibchen brüten die Eier alleine aus und sind deshalb unauffällig gefärbt. Da sie manchmal sogar offen und teils auf dem Boden brüten, ist die Tarnung wichtig, um ihr Überleben zu sichern.

Beim Weibchen ist das Gefieder unauffällig braun.

Rebhuhn 006

Perdix perdix, Fasanenartige

LÄNGE: 30 cm
GEWICHT: 300 – 470 g
BEI UNS: ganzjährig
LEBENSRAUM: seltener Vogel der strukturreichen Agrarlandschaft

Rebhühner fliegen nur selten auf.

HEIMLICHE HÜHNERVÖGEL Die kompakten Vögel sind unauffällig und selten zu sehen. An ruhigen Frühjahrsabenden kann man ihren heiseren Balzruf hören. Im Winter streifen sie in Familienverbänden, sogenannten Ketten, umher. Bei Gefahr ducken sie sich nah auf den Boden oder laufen zügig fort.

DRAMATISCHER RÜCKGANG

Der früher häufige Ackervogel ist durch die Intensivierung der Landwirtschaft sehr selten geworden.

Jagdfasan 007

Phasianus colchicus, Fasanenartige

LÄNGE: 55 – 90 cm (davon bis zu 45 cm Schwanz)
BEI UNS: ganzjährig
LEBENSRAUM: offene und halboffene Landschaft wie Weiden, Felder und Feuchtgebiete

AUSGESETZT ZUR JAGD Jagdfasane sind von Jägern ausgesetzte Mischungen verschiedener Unterarten des in Ostasien vorkommenden Fasans. Sie wurden schon im Mittelalter, vielleicht sogar von den Römern zur Jagd ausgesetzt. Die Vögel mit dem auffälligen Gesicht und dem langen Schwanz sind häufige Wiesenbewohner und teilweise wenig scheu. Die Weibchen sind unscheinbarer braun und haben dunkle Flecken. Eine wichtige Tarnung, denn Fasane sind Bodenbrüter.

Auch die Weibchen haben einen langen Schwanz. Er ist etwas kürzer als der von den Männchen.

Zwergtaucher 008

Tachybaptus ruficollis, Lappentaucher

LÄNGE: 23 – 29 cm
STIMME: hohes blubberndes Trillern
BEI UNS: ganzjährig
LEBENSRAUM: Brutvogel bewachsener Binnengewässer, bewohnt teils auch Kleinstgewässer

LUFTKISSENBOOTE Wie kleine Luftkissenboote schwimmen die kleinen Wasservögel über den See. Wenn sie abtauchen, werden sie zu geschickten Fischjägern. Zwergtaucher sind so klein, dass man selbst die erwachsenen Vögel auf den ersten Blick für Entenküken halten könnte. Doch spätestens ihr charakteristisches Trillern im Uferdickicht verrät sie.

ELTERN-TAXI

Wie auch bei anderen Lappentauchern verstecken sich junge Zwergtaucher gerne auf dem Rücken ihrer Eltern.

Haubentaucher 009

Podiceps cristatus, Lappentaucher

LÄNGE: 45 – 51 cm
STIMME: stimmfreudig, laute, rollende Töne, jammernd
BEI UNS: ganzjährig
LEBENSRAUM: brütet an schilfbestandenen Gewässern, im Winter auch auf dem Meer

Im Schlichtkleid bleibt nur die schwarze Kopfplatte, die bunte Kopfzeichnung ist weg.

PINGUINTANZ Kaum ein anderer heimischer Vogel balzt so schön wie der Haubentaucher. Ab dem Spätwinter tanzen Haubentaucher paarweise im Wasser, indem sie sich gegenseitig imitieren. Zur Balz gehören auch Brautgeschenke. Das Männchen schenkt dem Weibchen Nistmaterial oder sogar Fische. Ihr Nest bauen Haubentaucher aus abgestorbenen Pflanzenteilen auf das Wasser oder in das Schilf. Es schwimmt auf der Wasseroberfläche und kann schwankende Wasserstände überleben.

Kormoran 010

Phalacrocorax carbo, Kormorane

LÄNGE: 77 – 94 cm
STIMME: in der Kolonie tiefe, grunzende Laute, ansonsten stumm
BEI UNS: ganzjährig
LEBENSRAUM: brütet in Kolonien in Gewässernähe; Nahrungssuche auf allen Gewässern

GESCHICKTER FISCHJÄGER Kormorane sind erfolgreiche Fischjäger, die jahrelang stark verfolgt wurden. Doch die Bestände haben sich erholt, sodass du die schwarzen Vögel an fast allen größeren Gewässern wieder beobachten kannst. Damit der Kormoran besser tauchen kann, enthalten seine Knochen weniger Luft als bei anderen Vögeln. Er fettet vor dem Tauchgang sein Gefieder auch nicht ein. So ist er ein wendiger Unterwasser-Jäger. Nachteil: Er muss anschließend trocknen.

Durch das Ausbreiten der Flügel trocknet der Kormoran sein Gefieder.

Graureiher 011

Ardea cinerea, Reiher

LÄNGE: 85 – 100 cm
STIMME: heiseres Krächzen im Flug
BEI UNS: ganzjährig
LEBENSRAUM: Nahrungssuche an Gewässern und im Grünland; brütet in Kolonien

Junge Graureiher (li.) haben in ihrem ersten Lebensjahr einen grauen Scheitel. Altvögel (re.) haben ein kontrastreicheres Gesicht und dunkle Schmuckfedern am Hinterkopf.

GEDULDIG LAUERND Der kräftig gebaute Reiher mit dem dolchartigen Schnabel frisst gerne Mäuse, Fische und Amphibien. Dabei kann er stundenlang regungslos lauern, um dann blitzschnell zuzuschlagen. Durch sein schlechtes Image als Fischräuber wurde er lange Zeit stark bejagt und war nur noch sehr selten zu sehen. In den letzten Jahrzehnten haben sich die Bestände erholt. Im städtischen Umfeld verlieren sie nun auch mehr und mehr ihre Scheu.

Silberreiher 012

Ardea alba, Reiher

LÄNGE: 85 – 100 cm
STIMME: außerhalb der Brutkolonie eher stumm
BEI UNS: Wintergast
LEBENSRAUM: Nahrungssuche auf Grünland und Feuchtflächen

Im Winter sind Silberreiher häufige Gäste auf Wiesen, du siehst sie aber eher einzeln.

ELEGANTER VOGEL Der Schnabel des Silberreihers ist gelb. Zur Paarungszeit verfärbt er sich für wenige Wochen schwarz. Aufgrund seiner enormen Größe ist der Silberreiher sehr gut von anderen weißen Reihern, dem Seiden- und dem Kuhreiher, zu unterscheiden. In den letzten Jahren wurde er bei uns zu einem häufigen Wintergast. Immer mehr Individuen bleiben immer länger in Deutschland. Auch Sommerbeobachtungen werden häufiger. Es bleibt abzuwarten, wann er sich als Brutvogel etabliert.

Weißstorch 013 014

Ciconia ciconia, Störche

LÄNGE: 95 – 110 cm
STIMME: klappert laut am Nest, ansonsten stumm
BEI UNS: i. d. R. Sommervogel
LEBENSRAUM: Nahrungssuche in der offenen Kulturlandschaft

MIT UNTERMIETERN Die Nester des Weißstorchs werden über viele Jahre hinweg von demselben Brutpaar genutzt und werden heftig gegen Eindringlinge verteidigt. Der Nestbau ist niemals abgeschlossen. Die Nester können über eine Tonne schwer werden. In den vielen Hohlräumen des Nestes brüten gerne Haussperlinge als Untermieter. Die meisten heimischen Weißstörche sind Zugvögel und ziehen bis in das tropische Afrika.

Störche brüten gerne hoch oben auf Kirchendächern und Schornsteinen.

Teichhuhn 015

Gallinula chloropus, Rallen

LÄNGE: 27 – 31 cm
STIMME: kurzer, blubbernder Ruf
BEI UNS: ganzjährig
LEBENSRAUM: bewachsene Seen, Flüsse und Feuchtgebiete

GUT VERSTECKT Zwar scheinen Teichhühner mit ihrem roten Gesicht und den großen gelbgrünen Beinen sehr auffällig, sie leben aber meist gut versteckt. Du hörst sie häufiger, als dass du sie siehst. Trotzdem schwimmen sie immer wieder frei oder suchen auf Offenflächen nach Nahrung.

AUF GROSSEM FUSS

Die langen Zehen wirken an Land viel zu groß, helfen aber hervorragend beim Schwimmen und beim Laufen über Schwimmpflanzen.

Blässhuhn 016

Fulica atra, Rallen

LÄNGE: 36 – 42 cm
STIMME: stimmfreudig und vielseitig, kurzes „Köck", explosives „Pix"
BEI UNS: ganzjährig
LEBENSRAUM: bewachsene, nährstoffreiche Gewässer

KÄMPFER ZUR BRUTZEIT Blässhühner leben im Winter gerne in größeren Trupps und sind sehr gesellig, zur Brutzeit verteidigen sie aber ihre Reviere mit großem Aufwand. Als Drohgebärde gegen Eindringlinge werden die Flügel aufgestellt. Dabei flattern sie heftig und laufen über das Wasser. Blässhühner bauen schwimmende, frei sichtbare Nester aus abgestorbenem Pflanzenmaterial. Wenn der Wasserstand steigt oder fällt, passt sich das Nest dem neuen Wasserstand an.

An Land oder auf dem Eis fallen die riesigen Füße des Blässhuhns mit den Schwimmlappen auf.

Kranich 017

Grus grus, Kraniche

LÄNGE: 96 – 119 cm
STIMME: lautes Trompeten, sehr stimmfreudig
BEI UNS: Feb – Nov
LEBENSRAUM: nasse Wälder und Moore, Nahrungssuche auch auf Äckern

HERBSTBOTE Kaum ein Vogel wird so mit dem Vogelzug verbunden wie der Kranich. Im Herbst machen sich viele Tausend Kraniche auf den Weg in ihre Überwinterungsgebiete im Mittelmeerraum. Auf ihrem Weg dorthin rasten sie in großen Trupps in Nordostdeutschland. Sowohl tagsüber als auch nachts ziehen sie in keilförmigen Zugtrupps in Richtung Mittelmeer und sind dabei kaum zu überhören. Im Brutgebiet führen Kranichpaare einen hüpfenden Balztanz vor.

Kraniche sind häufig paarweise auf Nahrungssuche.

Flussregenpfeifer 018

Charadrius dubius, Regenpfeiferverwandte

LÄNGE: 15 – 18 cm
STIMME: meist pfeifendes „Piu“, stimmfreudig
BEI UNS: Apr – Sept
LEBENSRAUM: Kiesinseln an Flüssen, Kiesgruben

TARNUNGSKÜNSTLER Wie die meisten anderen Watvögel brütet auch der Flussregenpfeifer auf dem Boden. Sein Nest, eine kleine Mulde im Kies, ist bestens getarnt. Auch der brütende Altvogel verschmilzt regelrecht mit seiner Umgebung, wenn er sich auf das Nest setzt, und ist so kaum zu sehen.

STÖRUNGSANFÄLLIG

Flussregenpfeifer werden leicht übersehen. Hunde oder unaufmerksame Badegäste können die gut getarnten Gelege zertrampeln.

WAS MIR GEHOLFEN HAT ODER IMMER NOCH HILFT:

Vogelstimmen lernen – ganz einfach

1) HÖREN UND SEHEN

Stehst du vor einem Busch und weißt nicht, wer singt? Bleibe so lange dort, bis der Vogel sich zeigt. Durch das Erfolgserlebnis wirst du dir die Stimme besser merken können.

2) VON EINFACH ZU SCHWIERIG

Beginne mit den Vogelstimmen, die dir leichtfallen. Das können die Arten sein, die du regelmäßig siehst. Vielleicht startest du auch erstmal mit Zilpzalp, Kuckuck & Co., die ihren eigenen Namen singen.

Schau dir mein Video dazu an: Vogelstimmen lernen im Wald

019

3) VON HÄUFIG ZU SELTEN

Wenn du die zwanzig häufigsten kennst, wirst du schon 80% bestimmen können. Widme dich deshalb den gängigen Stimmen zuerst, der Rest geht dann über das Ausschlussverfahren.

4) ÜBERFORDERE DICH NICHT UND HABE SPASS

Vogelstimmen lernen sowie Vogelbeobachtung soll in erster Linie Spaß machen. Gehe deshalb langsam an das Thema heran, überfordere dich nicht und belohne dich für deine Fortschritte.

5) WECKER ODER KLINGELTON STELLEN

Wenn ich eine bestimmte Stimme lernen möchte, dann stelle ich sie mir für ein paar Wochen als Klingelton oder Wecker ein. Aber pass auf: Vogelstimmen als Wecker lassen dich vielleicht die Stimme nicht mehr so mögen, weil du sie mit etwas Negativem verbindest.

6) SELBSTTEST: KANN ICH SIE ANDEREN ERKLÄREN?

Bist du dir unsicher, wie gut du eine Vogelstimme erkennst? Probiere, sie einer Person zu erklären und beizubringen, die sich nicht mit der Vogelbeobachtung beschäftigt. Wenn dir das gelingt, beherrschst du auch die Vogelstimme.

7) ESELSBRÜCKEN

Die besten Merksprüche und Eselsbrücken sind die, die dir im Kopf bleiben. Baue eigene Eselsbrücken oder übernehme sie von anderen. Siehe Seite 100.

8) VON UND MIT ANDEREN LERNEN

Am besten lernt man immer noch von anderen. Begleite andere Vogelbeobachterinnen und Vogelbeobachter und stelle viele Fragen.

103

Zilpzalp

Kiebitz 020

Vanellus vanellus, Regenpfeiferverwandte

LÄNGE: 28 – 31 cm
STIMME: sehr stimmfreudig, meist heiseres Jodeln
BEI UNS: Nov – Feb, teilweise ganzjährig
LEBENSRAUM: Feuchtwiesen, Felder, Sümpfe

BALZKÜNSTLER Kiebitze brüten gerne in lockerer Gemeinschaft. Bei der Balz fliegt das Männchen akrobatische Manöver über dem Brutplatz und wirft sich von einer Seite auf die andere. Dabei jodelt er und seine Flügel erzeugen ein wummerndes Geräusch. Das Brüten in losen Kolonien hat den Vorteil, dass Feinde gemeinsam vertrieben werden. Nicht selten vertreiben mehrere Kiebitze deutlich größere Greifvögel wie Rohrweihen oder Rotmilane.
BEDROHTER FELDVOGEL Der Kiebitz steht wie kaum ein anderer Vogel für den Niedergang der Feldvögel. In den letzten 40 Jahren sind die Kiebitzbestände in Deutschland um 93 % zurückgegangen. Grund dafür sind die Intensivierung der Landwirtschaft sowie die Trockenlegung von Feuchtwiesen.

Fliegende Kiebitze sind an ihren schwungvollen Flügelschlägen zu erkennen.

MEIN BEOBACHTUNGSTIPP

Kiebitze machen krasse Balzflüge, dabei steigen sie steil auf, danach folgen Sturzflüge mit Überschlägen. Dabei kannst du auch die schwarz-weiße Unterseite und die abgerundeten Flügel gut erkennen.

ICH FREU MICH IMMER, IHN ZU SEHEN

Der Kiebitz ist einer der markantesten Wiesenvögel überhaupt. Leider ist er inzwischen vielerorts selten geworden. Das Weibchen hat eine schwarze Kehle mit weißen Flecken. Beim Männchen (Foto) ist die Kehle komplett schwarz.

Alpenstrandläufer 021

Calidris alpina, Schnepfenverwandte

LÄNGE: 17 – 21 cm
STIMME: surrender Ruf, im Trupp zwitschernd
BEI UNS: zu den Zugzeiten in Herbst und Winter
LEBENSRAUM: Feuchtgebiete und Küsten, Brutvogel Nordeuropas

BUNTER HUND Alpenstrandläufer sind die häufigsten Strandläufer und zu den Zugzeiten in den verschiedensten Federkleidern zu sehen. Wer die verschiedenen Kleider kennt, entdeckt auch leichter andere Watvögel dazwischen. Typisch ist der schwarze Bauch (außer im Schlichtkleid).

DREHKREUZ WATTENMEER 022

Es bietet viel Nahrung zum Auftanken der Reserven. Unter den Millionen Watvögeln ist der Alpenstrandläufer der häufigste.

Flussuferläufer 023

Actitis hypoleucos, Schnepfenverwandte

LÄNGE: 18 – 21 cm
STIMME: (meist) dreisilbig, abfallend „dii-dii-dii"
BEI UNS: Apr – Sept
LEBENSRAUM: Brutvogel an kiesreichen Flüssen, oft Durchzügler

Im Flug fallen der weiße Flügelstreif und der schwirrende Flügelschlag auf.

ZAPPELPHILLIPP Der Flussuferläufer ist meist schon aus großer Distanz an seinem wippenden, langen Schwanz zu erkennen. Meist ist der Vogel nach vorne übergebeugt und wirkt brustlastig. Die auffällig weiße Kerbe im Gefieder unterscheidet ihn vom optisch ähnlichen Waldwasserläufer und anderen Watvögeln.
SELTEN GEWORDEN Flussuferläufer sind seltene Brutvögel an natürlichen Flüssen mit Kiesablagerungen. Die meisten hier beobachteten Flussuferläufer brüten nicht bei uns, sondern ziehen weiter in ruhigere Gebiete mit wilderen Flüssen. Zur Zugzeit sind sie gerne im Binnenland an Flüssen.

Uferschnepfe 024

Limosa limosa, Schnepfenverwandte

LÄNGE: 37 – 42 cm
STIMME: schnelles „Wi-wi-wü" im Flug, sehr ruffreudig
BEI UNS: März – Sept
LEBENSRAUM: Brutvogel in Feuchtwiesen, während des Durchzugs auch an Küste und Binnengewässern

WAHRER HINGUCKER Im Prachtkleid gehört die Uferschnepfe mit ihrer rostorangenen Brust und den langen Beinen zu den auffälligsten Watvögeln. Die isländische Unterart, die zu den Zugzeiten an der Küste zu beobachten ist, ist sogar noch intensiver gefärbt. Die selten gewordenen Wiesenbrüter singen gerne laut und energisch von Weidepfählen aus oder im Flug. Außerhalb der Brutzeit trifft man sie auf Schlammflächen und an Gewässern an.

Brachvogel 025

Numenius arquata, Schnepfenverwandte

LÄNGE: 48 – 57 cm
STIMME: wehmütiges Flöten
BEI UNS: März – Nov
LEBENSRAUM: Brutvogel in Feuchtwiesen und Mooren

GROSSER KRUMMSCHNABEL Der ehemals häufige Wiesenvogel ist an seinem langen, nach unten gebogenem Schnabel zu erkennen, mit dem er nach Nahrung im Boden stochert. Etwa hühnergroß wird dieser größte heimische Watvogel. Zur Brutzeit hört man den flötenden und trillernden Gesang aus extensiv genutzten Wiesen. Außerhalb der Brutzeit hält er sich gerne an der Küste auf. Zu verwechseln ist er mit dem kleineren Regenbrachvogel, der einen kürzeren Schnabel hat.

Kürzerer Schnabel und ein heller Überaugenstreif verraten den ähnlichen, aber kleineren Regenbrachvogel, der in Nordeuropa brütet.

Bekassine 026

Gallinago gallinago, Schnepfenverwandte

LÄNGE: 23 – 28 cm
STIMME: beim Auffliegen heiseres „Äätsch"
BEI UNS: ganzjährig
LEBENSRAUM: Feuchtflächen und Moore

Das mit den Federn erzeugte meckernde Geräusch brachte der Bekassine den Beinamen „Himmelsziege" ein.

TARNUNGSKÜNSTLERIN Mit ihrer unauffälligen Gefiederfärbung fallen Bekassinen oft gar nicht auf, bis sie wenige Meter vor einem blitzschnell auffliegen. Im Zickzack-Flug und mit heiserem Ruf steigen sie schnell auf, nur um dann wieder in der Vegetation zu verschwinden.

BALZTOLL Wenn sie im Brutgebiet nicht auf Pfählen sitzen oder in der Vegetation untergehen, balzen sie spektakulär. Neben dem Gesang erzeugen sie mit ihren Steuerfedern im Sturzflug ein meckerndes und surrendes Geräusch. Zu verwechseln ist die Bekassine mit der kleineren Zwergschnepfe, der größeren Waldschnepfe und der seltenen Doppelschnepfe. Die Bekassine hat einen sehr langen Schnabel.

Kampfläufer 027

Calidris pugnax, Schnepfenverwandte

LÄNGE: 29 – 60 cm
STIMME: fast immer stumm
BEI UNS: März – Okt
LEBENSRAUM: Brutvogel in Feuchtwiesen und Mooren, zur Zugzeit auf Schlammflächen

SHOWMASTER Kampfläufer sind sehr vielseitig gefärbt und bieten viele Verwechslungsmöglichkeiten. Männchen sind deutlich größer als Weibchen. Sie führen auf einem Balzplatz eine beeindruckende Show auf, um die Weibchen zu beeindrucken. Dabei tragen die Männchen eine Halskrause, die sie unermüdlich präsentieren. Die mittelgroßen Watvögel haben einen kleinen Kopf und einen kurzen, leicht nach unten gebogenen Schnabel.

So verschieden sehen die Pracht- (beide links) und Schlichtkleider aus (beide rechts).

Sturmmöwe 028

Larus canus, Möwenverwandte

LÄNGE: 40 – 46 cm
STIMME: hoher jauchzender Möwenruf
BEI UNS: ganzjährig
LEBENSRAUM: Küsten und große Binnengewässer, Nahrungssuche auf Äckern

Im Winter, im Schlichtkleid, haben Sturmmöwen einen „schmutzigen“ Kopf.

KLEINE GROSSMÖWE Mit dem silbernen Mantel und dem weißen Kopf wirkt die Sturmmöwe wie eine Miniatur-Ausgabe unter den Großmöwen, z. B. von Mittelmeer- oder Silbermöwe. Sie ist deutlich kleiner, hat einen dünneren Schnabel und dunkle Augen, durch die sie „freundlich“ erscheint. Sturmmöwen sind Koloniebrüter an der Küste und suchen im Binnenland auf Äckern in Trupps nach Nahrung. In Binnenland sind sie nur lokal verbreitet. Die Dreijahresmöwe mausert erst nach drei Jahren erstmals in das Prachtkleid.

Mittelmeermöwe 029

Larus michahellis, Möwenverwandte

LÄNGE: 52 – 58 cm
STIMME: tiefe, nasale Möwenrufe
BEI UNS: ganzjährig
LEBENSRAUM: Küsten und große Binnengewässer, eher im Süden verbreitet

Junge Großmöwen sind schmutzig braungrau gefärbt.

MAG DEN SÜDEN Das, was die Silbermöwe an den deutschen Küsten ist, ist die Mittelmeermöwe an den großen Seen in Süddeutschland. Zwar breitet sie sich aus und ist auch in kleineren Zahlen in Norddeutschland anzutreffen, vor allem findet man sie aber im südlichen Binnenland, z. B. am Bodensee.

UNTERSCHIED ZUR SILBERMÖWE

Genau hinschauen: Die Mittelmeermöwe hat gelbe Beine und ist etwas dunkler grau als die Silbermöwe.

DETEKTIVARBEIT

An der Küste rasten häufiger große Möwentrupps mit mehreren Arten und vielen verschiedenen Kleidern. Zur Bestimmung auf minimale Unterschiede achten (siehe rechts).

Silbermöwe 030

Larus argentatus, Möwenverwandte

LÄNGE: 54 – 60 cm
STIMME: laute Rufreihe „kja-kja-kja-kja---kjaU“
BEI UNS: ganzjährig
LEBENSRAUM: Küsten und Binnengewässer, Nahrungssuche auf Feldern, Mülldeponien

DIE GROSSMÖWE SCHLECHTHIN Wenn man über Möwen spricht, meint man häufig die Silbermöwe. Das ist die Möwe, die einem das Fischbrötchen in Hamburg und das Eis auf Wangerooge aus der Hand schnappt. Sie hat einen helleren Mantel als andere heimische Großmöwen und im Winter ein schmutzig-gestricheltes Kopfgefieder. Auch wenn Silbermöwen an manchen Stellen häufig erscheinen, nehmen ihre Bestände drastisch ab. Silbermöwen sind Vierjahresmöwen, die also erst nach vier Jahren erstmals ins Prachtkleid mausern.

MÖWENBEOBACHTUNG KANN FRUSTRIEREND SEIN Sehr ähnliche Arten, viele verschiedene Federkleider und schlechte Beobachtungsbedingungen machen es nicht ganz leicht. Mein Tipp: Starte mit den leichteren Kleidern (nur erwachsene Vögel im Prachtkleid) und taste dich nur langsam an die nicht ausgefärbten Kleider der noch nicht erwachsenen Vögel heran.

Die voll ausgefärbten Möwen sind einfacher zu bestimmen, die jüngeren machen es einem nicht leicht.

Heringsmöwe 031

Larus fuscus, Möwenverwandte

junge Heringsmöwe im ersten Winterkleid

LÄNGE: 48 – 56 cm
STIMME: wie Silbermöwe, nur rauer und tiefer
BEI UNS: ganzjährig, aber die meisten ziehen im Winter weg
LEBENSRAUM: Küsten und große Binnengewässer, Nahrungssuche auf Äckern

ELEGANT IN DUNKELGRAU Heringsmöwen haben einen dunkelgrauen Mantel, gelbe Beine und lange Flügel. Sie sind wendige, mühelose Flieger und wirken eleganter als andere Großmöwen. Es gibt verschiedene Unterarten mit unterschiedlich dunkler Färbung. Verschiedene Populationen ziehen zum Überwintern bis nach Afrika, nur wenige bleiben bei uns.

GEMISCHTE KOLONIEN

An der Küste brüten sie gerne in den Dünen oder auf Inseln in gemischten Kolonien zusammen mit Silbermöwen.

Lachmöwe 032

Chroicocephalus ridibundus, Möwenverwandte

LÄNGE: 35–39 cm
STIMME: kreischend „chriiär" oder „chärr"
BEI UNS: ganzjährig
LEBENSRAUM: häufige Möwe an Gewässern aller Art

Im Schlichtkleid haben Lachmöwen einen dunklen Fleck hinter dem Auge.

HÄUFIG IM BINNENLAND Die Lachmöwe ist die häufigste Möwe abseits der Küstenregionen und hat diese Gebiete erst in den letzten Jahrzehnten für sich entdeckt. Sie brütet in großen Kolonien an Seen und Feuchtgebieten. An der schokoladenbraunen Kapuze, dem blassroten Schnabel und den blassroten Beinen sowie am ohrenbetäubenden Lärm in der Kolonie ist die Lachmöwe zu erkennen. Außerhalb der Brutzeit streift sie in großen Trupps umher. Lachmöwen sind Zweijahresmöwen, die also erst nach zwei Jahren erstmals ins Prachtkleid mausern.

Flussseeschwalbe 033

Sterna hirundo, Möwenverwandte

LÄNGE: 34 – 37 cm
STIMME: „kiri-kiri-kiri…“ und „kit“
BEI UNS: Apr – Sept
LEBENSRAUM: große Seen, Flüsse und Küsten

LEBENSRAUMVERLUST Früher hat die Flussseeschwalbe an vielen Binnengewässern auf Kiesinseln, Sandbänken und Flussufern gebrütet. Diese Lebensräume sind vielerorts verloren gegangen, sodass die Flussseeschwalbe im Binnenland fast nur noch auf Brutflößen – also Ersatzbrutplätzen – brütet.
ELEGANTE FISCHJÄGERIN Flussseeschwalben sind mühelose Flugkünstlerinnen, die im Sturzflug ins Wasser abtauchen, um kleine Fische zu erbeuten. Die Fische werden dann im lauten Getümmel der Kolonie an die Jungvögel verfüttert. Flussseeschwalben haben im Vergleich zu Küstenseeschwalben längere Beine, eine schwarze Schnabelspitze sowie nicht ganz so lange Schwanzspieße.

Die sehr ähnliche Küstenseeschwalbe 034

REKORDHALTERIN

Die ähnliche Küstenseeschwalbe ist ein Vogel der Superlative. Mit über 30.000 km pro Jahr hat sie den längsten Zugweg unter den Vögeln.

SO HAB ICH'S MIR GEMERKT
Der schlanke Vogel hat einen gegabelten Schwanz, dessen Schwanzspieße nicht die Flügelspitzen überragen wie bei der Küstenseeschwalbe.
schwarze Schnabelspitze
schwarze Kappe
lange Schwanzspieße
rote Beine

ES HAUT DICH WEG, WENN DU DAS SIEHST:

Faszination Greifvogelzug

UNTERWEGS

Unsere Greifvögel sind nicht das ganze Jahr über bei uns. Rotmilane ziehen in Richtung Mittelmeer, Schwarzmilane und Wespenbussarde sogar bis nach Afrika. Gleichzeitig kommen im Winter Raufußbussarde und Kornweihen aus dem Norden zu uns. Selbst Mäusebussarde ziehen im Winter meist Richtung Südwesten. Sie ziehen tagsüber in der Thermik. Durch die warmen Aufwinde können sie energiesparend fliegen. Da diese Aufwinde nicht über dem offenen Meer entstehen, ziehen Greifvögel am liebsten über dem Festland. Um das Mittelmeer zu umfliegen, fliegen jedes Jahr Hunderttausende Greifvögel und Störche über die Straße von Gibraltar oder den Bosporus nach Afrika. An diesen Orten kann man zweimal pro Jahr wunderbare Greifvogelbeobachtungen machen.

MÄUSEBUSSARD, ROTMILAN & CO.

Natürlich kannst du dich auch zu Hause mit den Greifvögeln beschäftigen, die am Himmel kreisen. Am häufigsten ist der Mäusebussard (siehe S. 54/55), aber auch Rotmilane (siehe S. 53) haben bei uns ihre größten Bestandsdichten und sind leicht zu erkennen. Umso häufiger du sie beobachtest, desto besser wirst du Verhalten, Flugweisen und Eigenheiten kennen. Dann entgeht dir auch nicht, wenn ein anderer Greifvogel am Himmel auftaucht und dir fällt direkt auf, dass er anders ist. Bleibe einfach aufmerksam und genieße deine Beobachtungen.

Schwarzmilan: schnittiger Greifvogel mit leicht gegabeltem Schwanz, sieht gespreizt gerade aus

Hotspot des Vogelzugs bei Istanbul

EIN NATURSCHAUSPIEL, DAS SEINESGLEICHEN SUCHT

An kaum einem anderen Ort kann man Europas Greifvögel besser und intensiver beobachten als in Gibraltar oder am Bosporus. Die pure Masse an Vögeln, auch an Greifvögeln, ist überwältigend. Du kann sie ausgiebig beobachten und mit Arten vertraut werden, die du sonst nicht so häufig siehst. Wie sieht das Flugbild, wie sieht die Silhouette aus, wie schlägt der Vogel mit den Flügeln? Auch mit diesen Merkmalen lassen sich Greifvögel bestimmen. Je besser man die Art kennt, desto weniger „harte" Merkmale braucht man.

Mein Tipp: gut einprägen! Beobachte einen Vogel auch nachdem du ihn bereits bestimmt hast. Präge dir sein Verhalten, seine Flugweise und andere Merkmale ein. Bei Beobachtungen, die weniger gut sind, kannst du auf dieses Wissen zurückgreifen.

Seeadler 035

Haliaeetus albicilla, Habichtverwandte

LÄNGE: 76 – 92 cm
STIMME: schrill gackernde Rufreihe in Nestnähe
BEI UNS: ganzjährig
LEBENSRAUM: Küsten, große Seen und Flüsse

WIE EIN BRETT IN DER LUFT Mit großen, kraftvollen Flügelschlägen dreht der Seeadler an unseren Küsten seine Runden. Er brütet in riesigen Nestern großer Bäume oder an Klippen. Vor wenigen Jahrzehnten war er in Deutschland fast ausgestorben. Durch intensive Schutzbemühungen hat er sich wieder ausgebreitet und ist gerade an der Ostseeküste wieder häufig zu beobachten. Er frisst Fische, Wasservögel sowie Aas.

GIGANTISCH

Seeadler erreichen eine Flügelspannweite von bis zu 240 cm!

Rotmilan 036

Milvus milvus, Habichtverwandte

LÄNGE: 61 – 72 cm
STIMME: bussardähnliches, dünnes Pfeifen
BEI UNS: Sommervogel, zunehmend auch ganzjährig
LEBENSRAUM: brütet in Wäldern, Nahrungssuche auf Wiesen und Äckern

Der ähnliche Schwarzmilan 037 038 ist weniger kontrastreich braun gefärbt. Er überwintert in Afrika.

GEDECKTER TISCH Scheinbar mühelos segeln die großen Greifvögel in der Thermik auf der Suche nach Mäusen, Aas und anderer Nahrung. Bei Feldarbeiten sammeln sich schnell viele Greifvögel – darunter auch Rotmilane –, um leichte Beute zu machen. Eine gute Möglichkeit, die Unterschiede zwischen Rotmilan, Schwarzmilan und Mäusebussard aus nächster Nähe zu betrachten. Der tief gegabelte Schwanz, das weiße Flügelfeld und der rostbraune Körper unterscheiden den Rotmilan vom etwas kleineren Schwarzmilan.

VIELE FARBEN

Unser häufigster Bussard tritt in den verschiedensten Farbvarianten auf. Am häufigsten sieht man kontrastreiche, hell-dunkel gefärbte Vögel mit hellem Brustband.

Mäusebussard 039 040

Buteo buteo, Habichtverwandte

LÄNGE: 48 – 56 cm
STIMME: lautes Miauen, sehr ruffreudig
BEI UNS: ganzjährig
LEBENSRAUM: brütet überwiegend in Wäldern, Nahrungssuche auf Wiesen und Äckern

ALLGEGENWÄRTIG Der Mäusebussard ist unser häufigster heimischer Greifvogel. Er brütet in Wäldern oder einzelnen Baumgruppen und sucht seine Nahrung kreisend über dem Offenland. Bei sonnigem Wetter sieht man häufig mehrere Mäusebussarde zusammen am Himmel. Der kompakte Greifvogel frisst vor allem Mäuse, aber auch Reptilien, Amphibien und Würmer. Wenn er nicht gerade in der Thermik kreist, nutzt er auch gerne Ansitzwarten.

GANZ SCHÖN VARIABEL Mäusebussarde sind extrem variabel gefärbt. Typisch ist das helle Brustband und helle Armflügelfeld, welches fast alle Farbvarianten haben. Von einfarbig braunen bis zu fast weißen Individuen ist hier viel möglich. Die ganz hellen Individuen brüten eher in Nordeuropa und überwintern teilweise bei uns. Verwechseln kann man den Mäusebussard mit Wespenbussarden, die von Mai bis September bei uns sind, und dem Raufußbussard, der in Norddeutschland überwintert.

SCHREIENDE HALBSTARKE Wenn im Sommer die Jungvögel flügge sind und das Nest verlassen haben, werden sie außerhalb davon noch einige Zeit von ihren Eltern mit Nahrung versorgt. Dabei hört man die halbstarken Mäusebussarde lautstark rufen.

Dieser Mäusebussard ist sehr hell gefärbt.

Sperber 041

Accipiter nisus, Habichtverwandte

Das Weibchen ist viel größer als das Männchen.

LÄNGE: ♀ 35 – 41 cm, ♂ 29 – 34 cm
STIMME: schnelles Gackern in Nestnähe, sonst stumm
BEI UNS: ganzjährig
LEBENSRAUM: brütet in Wäldern, Nahrungssuche auch in Siedlungen

FILIGRANER JÄGER Der Sperber hat einen langen, dünnen Schwanz. Durch die schlanke Hüfte und den kurzen Hals wirkt er wendig und elegant. Das kleinere Männchen ist rostbraun an Brust und Wangen. Beide Geschlechter sind auf der Brust gestreift. Die wendigen Greifvögel jagen Kleinvögel, die sie durch den Überraschungseffekt überrumpeln. In Siedlungen jagen sie auch Meisen und Spatzen am Futterhaus und sind dabei teils wenig scheu.

Habicht 042

Accipiter gentilis, Habichtverwandte

LÄNGE: ♀ 58 – 64 cm, ♂ 49 – 56 cm
STIMME: lautes, tiefes Gackern in Nestnähe, ansonsten stumm
BEI UNS: ganzjährig
LEBENSRAUM: brütet in Wäldern, zunehmend auch in Großstädten

KRÄFTIG GEBAUT Habichte sind größer, breiter und kräftiger als Sperber. Durch das kontrastreiche Gesicht wirkt der Habicht grimmig. Im Flug hat er eine breite Hüfte und einen längeren Hals als der Sperber. Er jagt gerne mit dem Überraschungseffekt, kreist manchmal aber auch.

SO HAB ICH'S MIR GEMERKT 043

Habichte haben dickere Beine als ihr Augendurchmesser groß ist. Beim Sperber ist es umgekehrt.

Turmfalke 044

Falco tinnunculus, Falken

Turmfalken sind unsere häufigsten heimischen Falken.

LÄNGE: 31 – 37 cm
STIMME: Wiederholung kurzer Rufe „ki-ki-ki-ki…"
BEI UNS: ganzjährig
LEBENSRAUM: Offenland und Siedlungen, brütet in Krähennestern oder an Gebäuden

RÜTTELFALKE Der Turmfalke ist häufig dabei zu beobachten, wie er rüttelnd in der Luft steht, um nach Beute Ausschau zu halten. Das brachte ihm auch den Beinamen Rüttelfalke ein. Zusätzlich sitzt er aber auf gerne auf Strommasten und -leitungen und anderen Ansitzwarten, um von dort aus zu jagen.

AUS DEM AUTO Turmfalken und Mäusebussarde sieht man häufig an großen Straßen in den umliegenden Bäumen sitzen. Sie interessieren sich nicht etwa für Autos, sondern lauern auf leichte Beute. Überfahrene Tiere sind dort zu holen. An den gemähten Böschungen können sie außerdem leichter Mäuse jagen.

Wanderfalke 045

Falco peregrinus, Falken

LÄNGE: ♀ 46–51 cm, ♂ 38–45 cm
STIMME: eher stumm, im Nestbereich zeterndes Gackern
BEI UNS: ganzjährig
LEBENSRAUM: brütet an Felsen, Hochspannungsmasten und Gebäuden

GLOBETROTTER Der weltweit verbreitete Wanderfalke war in den 1960er Jahren bei uns fast ausgestorben, da durch den Einsatz des Insektizids DDT seine Eierschalen dünner wurden und zerbrachen. Auch die Verfolgung setzte ihm zu. Durch intensive Schutzbemühungen und das DDT-Verbot erholten sich die Bestände wieder. Die eigentlichen Felsenbrüter brüten in Städten auch an Kirchen, Türmen oder Hochhäusern.

SCHNELLSTER JÄGER AUS DER LUFT

Im Sturzflug schießt der Wanderfalke mit bis zu 360 km/h, die Flügel dicht am Rumpf, in die Tiefe.

Uhu 046

Bubo bubo, Eulen

LÄNGE: 59 – 73 cm
STIMME: ruft seinen Namen „UU-hu“
BEI UNS: ganzjährig
LEBENSRAUM: Steinbrüche, Felswände, Burgruinen, zunehmend auch Städte

WELTWEIT GRÖSSTE EULE Der Uhu ist eine massive, große Eule, das Weibchen ist größer als das Männchen. Der Uhu wurde stark bejagt und war vom Aussterben bedroht, doch seine Bestände haben sich erholt. Mittlerweile bewohnt er wieder viele Felswände und künstliche Ersatzlebensräume wie Steinbrüche, Burgruinen, auch städtische Bauruinen und Baustellen.

LAUTLOSE JÄGER

Durch spezielle Federn können alle Eulen geräuschlos fliegen. Das macht sie zu gefürchteten Jägern der Nacht.

Waldohreule 047 048

Asio otus, Eulen

LÄNGE: 31 – 37 cm
STIMME: gedämpftes „Uh“, herzzerreißendes Betteln der Jungvögel
BEI UNS: ganzjährig
LEBENSRAUM: Feldgehölze, Waldränder, Friedhöfe

AUFFÄLLIGE ÄSTLINGE Die mittelgroßen und schlanken Eulen brüten gerne auch in Siedlungen. Spätestens wenn die Ästlinge in Sommernächten um Nahrung betteln, sind sie nicht mehr zu überhören. Mit herzzerreißenden, hohen Rufen warten sie ungeduldig auf die nächste Mahlzeit. Im Winter bilden Waldohreulen große Schlafplätze, zum Beispiel auf Friedhöfen. Zuerst fallen häufig die weißen Kotspuren und Gewölle unter dem Schlafbaum auf.

Eine junge Waldohreule sieht aus wie ein weißes Federknäuel und bettelt unüberhörbar um Futter.

Waldkauz 049

Strix aluco, Eulen

LÄNGE: 37 – 43 cm
STIMME: schaurig-zittriger Gesang; Ruf: „kwitt"
BEI UNS: ganzjährig
LEBENSRAUM: Wälder, seltener Stadtparks

Der Waldkauz kann grau bis rotbraun sein.

GRUSELSTIMMUNG In vielen Krimis wird der schaurige Gesang des Waldkauzes genutzt, um in nächtlichen Szenen Spannung zu erzeugen. Waldkäuze sind sehr stimmfreudig und in den meisten Wäldern heimisch. Sie brüten in großen Baumhöhlen, speziellen Nistkästen oder anderen Hohlräumen.

TOTENVOGEL

Das Weibchen ruft „kwitt", was als „komm mit" gedeutet wurde. Darum wird er auch Totenvogel genannt.

Steinkauz 050

Athene noctua, Eulen

LÄNGE: 23 – 28 cm
STIMME: abfallender, scharfer Ruf; langgezogener, fragender Gesang
BEI UNS: ganzjährig
LEBENSRAUM: Obstwiesen, offene Landschaften

Altvogel mit Ästling (re.)

MAG ES SONNIG Anders als viele andere Eulen mag es der kleine Steinkauz, tagsüber frei sichtbar dazusitzen. Erst bei Störungen zieht er sich in seine Baumhöhle, Nische oder Niströhre zurück. Diese Steinkauzröhren werden in Schutzprojekten aufgehängt und von ihm gerne angenommen.

WINZIGE EULE

Noch kleiner sind nur Raufußkauz und Sperlingskauz, die beide in geschlossenen Wäldern leben.

LASS DIR ZEIT, WENN DU EINE ART ERKANNT HAST.

Die eigentliche Beobachtung fängt erst nach der Bestimmung an

KENNST DU DAS? Du siehst oder hörst einen Vogel, zückst das Fernglas und bestimmst ihn sicher. Doch was dann? Häufig genug gehe ich nach der Bestimmung schnurstracks weiter. Doch eigentlich beginnt dann der schöne Teil der Beobachtung. Wenn du die Möglichkeit hast, einen Vogel störungsfrei über längere Zeit zu beobachten, dann mach es! Genieße den Moment! Ich habe zu diesem Thema auch ein Video für dich. 051

Wusstest du, dass man beim Höckerschwan durch die Nasenlöcher hindurchsehen kann?

Das hilft dir bei zukünftigen Bestimmungen: Je mehr du mit den Arten vertraut bist, desto mehr kannst du ihr Verhalten vorhersehen und sie noch besser einschätzen. Stehen zu bleiben und über die Bestimmung hinaus zu beobachten, macht das Erlebnis noch viel intensiver!

Den aufmerksamen Blicken einer Stockentenmutter entgeht nichts.

Diese Blaumeise sammelt eifrig Nistmaterial.

DARAUF KANNST DU ACHTEN:

- ☑ Interagiert der Vogel mit einem anderen Vogel? Verscheucht er Artgenossen oder sogar andere Arten? Balzt er?
- ☑ Was macht der Vogel eigentlich? Will er ruhen, sucht er nach Nahrung oder vielleicht sogar nach einer Partnerin oder einem Partner?
- ☑ Trägt der Vogel Futter für seinen Nachwuchs? Manche Vögel tragen sogar den Kot der Jungvögel aus dem Nest.
- ☑ Wenn der Vogel singt: Singt er jedes Mal gleich oder hören sich die einzelnen Strophen sogar verschieden an?
- ☑ Betrachte die Gefiederdetails und die unscheinbaren Merkmale. Genieße die Schönheit und präge sie dir ein.
- ☑ Wo hält sich der Vogel auf? Ist er lieber auf dem Boden, auf den unteren Ästen oder sogar ganz oben im Baum? Erkennst du Muster?

Straßenentaube 052

Columba livia f. domestica, Tauben

LÄNGE: 29 – 35 cm
STIMME: (klagendes) Gurren
BEI UNS: ganzjährig
LEBENSRAUM: Siedlungen

VERWILDERTE HAUSTIERE Straßentauben sind verwilderte Zuchttauben, die zum Beispiel als Brieftauben eingesetzt wurden. Sie wurden aus der im Mittelmeerraum vorkommenden Felsentaube gezüchtet. Vermutlich kamen die ersten schon mit den Römern vor etwa 2000 Jahren nach Mitteleuropa.

DAS HARTE LEBEN IN DER STADT Heute leben Straßentauben in den Städten auf der ganzen Welt und bewohnen fast alle größeren Siedlungen. Aber ihr Leben ist hart. Die Bedingungen für viele Straßentauben sind denkbar schlecht. Minderwertige Nahrung, schlechte Nistplätze, ungebremster Fortpflanzungsdrang und ein schlechter Ruf machen das Leben dieser Tiere schwierig. Die Jungensterblichkeit bei Straßentauben ist sehr hoch.

Straßentauben können sehr variabel gefärbt sein.

TAUBENHÄUSER

Viele Städte richten Taubenhäuser ein. Die Tiere sollen an den Schlag gebunden werden. So soll der Verschmutzung anderer Plätze entgegengewirkt und wilde Nistplätze sollen reduziert werden. Die Tauben bekommen dort artgerechtes Futter. Durch den Austausch ihrer Eier gegen Gipseier soll der Bestand reduziert, kontrolliert und gesund werden.

GERUCHSLANDKARTE

Wusstest du, dass sie einen ausgeprägten Geruchssinn haben? Sie orientieren sich damit beim Fliegen nach Hause. Sie haben sozusagen eine Geruchslandkarte ihrer Umgebung im Kopf.

KONTRASTREICH IM FLUG

Im Flug fallen das weiße Band und Halsfleck der Ringeltaube auf. Bei der ähnlichen, kleineren Hohltaube ist kein Weiß am Hals und weniger Kontrast auf der Flügeloberseite zu sehen.

Ringeltaube 053

Columba palumbus, Tauben

„dru-du, du duu-du"
1 2 3 4 5

fünfsilbiger Gesang

LÄNGE: 38 – 43 cm
STIMME: fünfsilbige, gurrende Strophe
BEI UNS: ganzjährig, teilweise Zugvogel
LEBENSRAUM: Hecken, Wälder, Parks, Friedhöfe und Gärten

UNSERE GRÖSSTE TAUBE Ihr fünfsilbiges Gurren verrät die Ringeltaube. Man findet sie fast überall, wo es einige Bäume gibt, selbst in den Siedlungen. Gerade in Mitteleuropa haben Ringeltauben die Friedhöfe und Parks für sich entdeckt. Das Nest besteht nur aus wenigen Zweigen, sodass man von unten die Eier hindurchscheinen sieht. Die Jungen werden mit Kropfmilch gefüttert. Kropfmilch ist eine milchige, nahrhafte Flüssigkeit, die im Kropf produziert wird und aus Pflanzenbestandteilen besteht.

GESELLIGE VÖGEL Ringeltauben ziehen im Herbst in großen Schwärmen zum Überwintern nach Südeuropa. Einzelne Trupps können mehrere Hundert Individuen umfassen. Anfang Oktober fliegen so täglich unzählige Ringeltauben gen Südwesten.

PARTNERSCHAFT

Ringeltauben leben meist monogam, wenn sie erfolgreich gebrütet haben. Bleibt die Verbindung ohne Nachwuchs, suchen sich die Tauben einen neuen Partner. Erfolgreiche Paare bleiben über Jahre zusammen.

Ihr weißer Halsseitenfleck macht die Ringeltaube unverwechselbar.

Türkentaube 054

Streptopelia decaocto, Tauben

LÄNGE: 31 – 34 cm
STIMME: dreisilbige, gurrende Strophe
BEI UNS: ganzjährig
LEBENSRAUM: Siedlungen und Bauernhöfe

EINGEWANDERT AUS DEM SÜDOSTEN Die Türkentaube ist im letzten Jahrhundert aus Südosteuropa eingewandert und besiedelt bei uns Dörfer, Bauernhöfe und Städte. Im Winter sind Türkentauben in kleinen Trupps auch am Futterhaus. Sie ernähren sich überwiegend vegetarisch und sind meist wenig scheu.

„du-duuu du"
1 2 3

DIE SILBEN MACHEN DEN UNTERSCHIED

Die Ringeltaube gurrt ihren Gesang fünfsilbig, die schlankere Türkentaube gurrt eine dreisilbige Strophe.

Kuckuck 055

Cuculus canorus, Kuckucke

LÄNGE: 32 – 36 cm
STIMME: singt seinen Namen
BEI UNS: Apr – Sept
LEBENSRAUM: verschiedene halboffene Landschaften und Waldränder

BRUTPARASIT Anders als andere Vögel brütet der Kuckuck nicht selbst. Stattdessen legt das Weibchen unauffällig einem meist deutlich kleineren Singvogel ein Ei ins Nest. Der geschlüpfte Kuckuck wirft die anderen Eier aus dem Nest und lässt sich von seinen Stiefeltern füttern. Betroffen sind viele Vogelarten, unter anderem Teichrohrsänger, Mönchsgrasmücken und Rotkehlchen.
Die Kuckuck-Männchen sind grau, bei den Weibchen gibt es auch rotbraune Individuen.

Der junge Kuckuck wird von deutlich kleineren Wirtseltern gefüttert.

Mauersegler 056

Apus apus, Segler

LÄNGE: 17 – 18,5 cm
STIMME: schriller Ruf „sriii"
BEI UNS: Mai – Aug
LEBENSRAUM: Siedlungen

Segler sind nicht näher mit Schwalben verwandt, auch wenn sie ähnlich aussehen und sich ähnlich verhalten.

SCHLÄFT IN DER LUFT Mauersegler sind wahre Flugkünstler. Außerhalb der Brutzeit sind sie bis zu zehn Monate am Stück in der Luft. Sie schlafen in der Luft, sie paaren sich in der Luft und ihre Nahrung – Fluginsekten – fangen sie natürlich auch in der Luft.

SOMMERBOTE Mauersegler gehören zu den am spätesten ankommenden Zugvögeln in Deutschland. Wenn sie ab Mai bei uns sind, hört man ihren schrillen Ruf über den Dächern der Stadt. Kaum einen anderen Vogel verbinden wir so sehr mit dem Sommer wie den einfarbig braunen Segler. Sein Nest baut der Mauersegler aus Speichel, Pflanzenteilen und Federn unter Dächern und in Ritzen.

Wiedehopf 057

Upupa epops, Wiedehopfe

Sein dreisilbiger Ruf klingt wie eine Hupe

LÄNGE: 25–29 cm
STIMME: „hup-hup-hup"
BEI UNS: Apr–Sept
LEBENSRAUM: warme, trockene und kurzrasige Offenlandschaft, Weinberge, lokal auch Parks und Gärten, Weiden

WIEDER HÄUFIGER Durch Schutzbemühungen, Klimaerwärmung und Nistkastenprojekte breitet sich der Wiedehopf wieder langsam aus. Er fühlt sich vor allem in den warmen, trockenen Regionen wohl. Obwohl er auffällig aussieht, ist er auf dem Boden schwer zu entdecken.

SPEZIALSCHNABEL

Mit seinem langen Schnabel stochert der Wiedehopf nach Würmern, Insekten und deren Larven im Boden.

Eisvogel 058 059

Alcedo atthis, Eisvögel

LÄNGE: 17 – 20 cm
STIMME: scharfes, pfeifendes „Zii“
BEI UNS: ganzjährig
LEBENSRAUM: saubere Gewässer

FLIEGENDER DIAMANT Wenn ein Eisvogel an einem vorbeifliegt, wirkt er wie ein schillernder Diamant. Die kräftig türkisblaue Oberseite glänzt in der Sonne. Die Männchen haben einen komplett schwarzen Schnabel, die Unterschnabelbasis des Weibchens ist rötlich gefärbt. Eisvögel bauen eine 100 cm lange Röhre in eine Steilwand, die im Brutkessel endet. Dort werden dann bis zu drei Bruten pro Jahr großgezogen. Trotzdem werden Eisvögel nicht häufiger, denn kalte Winter und Hochwasser dezimieren immer wieder die Bestände.
ANSITZJÄGER Eisvögel sitzen auf Ästen über dem Wasser oder rütteln kurz, um dann blitzschnell ins Wasser zu tauchen. Sie jagen kleine Fische, die sie kopfüber herunterschlucken. Sie sind auf saubere Gewässer angewiesen.

Wie ein Pfeil taucht der Eisvogel ins Wasser.

STOSSTAUCHER

Von einer Sitzwarte aus lauert der Eisvogel auf Beute. Dann stürzt er sich kopfüber ins Wasser. Die Augen sind beim Eintauchen geöffnet und werden durch die Nickhaut geschützt. Unter Wasser bremst er mit den Flügeln.

FORTPFLANZUNGSKÜNSTLER

Durch sogenannte Schachtelbruten brüten Eisvögel in kürzester Zeit mehrfach. Das Männchen füttert noch den Nachwuchs, während das Weibchen schon die nächsten Eier legt.

Schwarzspecht 060

Dryocopus martius, Spechte

LÄNGE: 40 – 46 cm
STIMME: Sitzruf „kliööh“, Gesang „kwikwikwikwikwi“, Trommeln
BEI UNS: ganzjährig
LEBENSRAUM: große Wälder

TROMMLER Zum Repertoire des größten heimischen Spechts gehören ein Sitzruf („kliööh“), ein Flugruf („krrück krrück …“), ein Gesang sowie ein kräftiges, langes Trommeln. Spechte trommeln nicht zur Nahrungssuche, sondern um Reviere abzugrenzen und um eine Partnerin anzulocken. Der Trommelwirbel des Schwarzspechts ist bis zu 4 km hörbar und bis zu drei Sekunden lang. Das Weibchen hat einen roten Hinterscheitel, beim Männchen ist der gesamte Scheitel rot.

Schwarzspechte bauen jedes Jahr eine neue Höhle – meistens in eine alte Buche. Die Höhle zieht viele Nachmieter an.

Grünspecht 061

Picus viridis, Spechte

LÄNGE: 30 – 36 cm
STIMME: lachende Rufreihe
BEI UNS: ganzjährig
LEBENSRAUM: Wälder, halboffene Landschaft, Gärten

AMEISENSPEZIALIST Grünspechte ernähren sich bevorzugt von Ameisen. Der grüne Specht mit der schwarzen Maske hält sich deshalb am liebsten auf dem Boden auf – auch in Gärten. Wenn er gestört wird, fliegt er in einem bogenförmigen Flug weit weg.

EIN SPECHT, DER LACHT

Der Gesang des Grünspechts ist eine lachende Strophe, die sehr weit zu hören ist. Der Flugruf ist härter.

KOPFSCHMERZEN?

Nein, sein Gehirn liegt vertikaler im Kopf und hat wenig Spielraum zum Hin- und Herschaukeln. Wie genau Spechte ihr Hirn vor den Schlägen schützen, ist aber noch nicht vollständig geklärt.

Buntspecht 062 063

Dendrocopos major, Spechte

LÄNGE: 23 – 26 cm
STIMME: „kick“, kurzer, schneller Trommelwirbel
BEI UNS: ganzjährig
LEBENSRAUM: Wälder, Gehölzreihen, Parks, Gärten, Obstwiesen

SCHWARZ-WEISS-ROT Der Buntspecht ist der größte der häufigen schwarz-weiß-roten Spechte. Er kommt fast überall vor, wo es einige Bäume gibt. Das Männchen hat einen roten Nackenfleck, der dem Weibchen fehlt. Die Jungvögel haben einen roten Scheitel. Im Vergleich zum Mittelspecht ist der Schnabel kräftiger und der Bauch ist stärker rot gefärbt, außerdem haben Buntspechte einen dicken schwarzen Wangenstreif.
HANDWERKER DER WÄLDER Buntspechte zimmern mehrere Höhlen in lebendige und abgestorbene Bäume, die sie zur Jungenaufzucht und zum Schlafen nutzen. Damit schaffen sie auch Lebensräume für andere Tiere. Am liebsten mögen sie frisch abgestorbenes Holz. Spechte sind somit Botschafter für intakte Wälder mit viel Totholz.

SPECHTSCHMIEDE

Buntspechte klemmen Zapfen in sogenannte Spechtschmieden und bearbeiten sie darin. Spechtschmieden werden teilweise über Jahre hinweg genutzt und sind an den Zapfenresten darunter zu erkennen.

Hier wird gearbeitet.

Mittelspecht 064

Dendrocopos medius, Spechte

LÄNGE: 19,5 – 22 cm
STIMME: Gesang nasal meckernd, Ruf „kik-gük-gük…"
BEI UNS: ganzjährig
LEBENSRAUM: Laubwälder, Parks, Streuobstwiesen

KEIN TROMMLER Anders als die meisten anderen Spechte trommelt der Mittelspecht nur sehr selten. Als Trommelersatz hat er eine nasale, meckernde und klagende Strophe, die eher an einen Greifvogel erinnert. Die Rufreihe beginnt mit einem harten „Kik" gefolgt von weicheren „Gük-gük…"-Rufen. Mittelspechte bewohnen vor allem alte Eichenwälder.

ACHTE MAL DARAUF

Mittelspechte haben einen roten Scheitel, einen feineren Schnabel und einen weniger roten Steiß als Buntspechte.

Wendehals 065

Jynx torquilla, Spechte

Wendehälse sind Ameisenspezialisten und eher zu hören als zu sehen.

LÄNGE: 16 – 18 cm
STIMME: anschwellender, quäkender Gesang
BEI UNS: Apr – Sept
LEBENSRAUM: Streuobstwiesen, lichte Wälder

ZUGVOGEL Der Wendehals ist der einzige heimische Specht, der im Winter bis nach Afrika zieht. Der rindenfarbige Specht ist perfekt getarnt und wirkt auch von den Proportionen eher wie ein Singvogel. Anders als die anderen heimischen Spechte klettert er auch nicht am Stamm, sondern sitzt auf Ästen.

SEIN NAME IST PROGRAMM Bei Gefahr macht der Wendehals scheinbar eine Schlange nach. Durch sein Rücken- und Nackenmuster sehen seine Bewegungen aus wie eine sich schlängelnde Schlange. Das soll den Feind zur Flucht bewegen. So kam er zum Namen Wendehals. Diese Spechtart brütet in Baumhöhlen, die sie nicht selbst schmiedet, in halboffenen, extensiv-genutzten Landschaften.

Feldlerche 066

Alauda arvensis, Lerchen

LÄNGE: 16 – 18 cm
STIMME: endlose Strophe mit rollenden und flötenden Tönen, wird im Flug vorgetragen
BEI UNS: Feb – Nov, manche auch ganzjährig
LEBENSRAUM: offenes, strukturreiches Kulturland, Äcker, Grünland

UNERMÜDLICHE SÄNGER Feldlerchen singen ab dem Spätwinter bis in den Hochsommer hinein. Sie singen auch bis in die späten Nachmittagsstunden – doch nicht etwa von Gesangswarten, sondern in minutenlangem unermüdlichen Singflug. Dabei steigt das Männchen teils über hundert Meter in die Höhe und ist mit bloßem Auge kaum noch zu erkennen. Nach der Gesangseinlage gleitet es wieder nach unten und lässt sich die letzten Meter wie ein Stein ins Feld fallen.
LERCHE MIT HAUBE Nicht jede Lerche mit Haube ist eine Haubenlerche. Auch Feldlerchen haben eine kleine Federhaube. Im Gegensatz zur Haubenlerche kann die Feldlerche ihre Haube völlig anlegen. Ihr Gefieder bietet perfekte Tarnung. Die Unterseite ist schmutzig weiß, die Oberseite ist braun-schwarz gefärbt. Bei Gefahr duckt sich die Feldlerche an den Boden und verschmilzt mit der Umgebung. Sie fliegt meist erst spät auf.
BODENBRÜTER Feldlerchen brüten auf dem Boden in Feldern, Mähwiesen und Heiden. Moderne, intensive Bewirtschaftungsformen bereiten ihnen große Probleme. Fehlende Randstreifen und Brachen verringern den Bruterfolg, sodass die Bestände eingebrochen sind. Was früher ein alltäglicher Gesang in der Agrarlandschaft war, ist er heute längst nicht mehr überall zu hören.

ERSCHRECKEND

In Deutschland gibt es noch 1,2 – 1,8 Millionen Brutpaare. Damit ist bereits jede zweite Feldlerche verschwunden.

SCHAU MAL NACH OBEN

Feldlerchen sind am Boden gar nicht so einfach zu entdecken. Häufig hört man sie aus dem Himmel singen. Dann sind sie als kleiner Fleck hoch oben zu erkennen, wenn sie ihren minutenlagen Fluggesang von sich geben.

Rauchschwalbe 067

Hirundo rustica, Schwalben

LÄNGE: 17 – 21 cm
STIMME: Gesang melodisch zwitschernd, ruft „witt“ oder „witt-itt“
BEI UNS: Apr – Okt
LEBENSRAUM: brütet in Dörfern (gerne in Ställen), Nahrungssuche in Kulturlandschaft

INNENBRÜTER Am liebsten brütet die Rauchschwalbe in Ställen, in die sie durch offene Fenster hineinfliegt. Ihr schalenförmiges Nest besteht aus Lehm und Speichel, ausgepolstert mit Federn und Haaren. Sie fliegt akrobatisch und teils nur knapp über dem Boden auf der Suche nach Insekten. Bei regnerischem Wetter jagen viele Schwalben über Gewässern.

WARUM RAUCH?

Sie heißt so, weil sie früher gern im Rauchfang brütete. Barn Swallow, also Stallschwalbe auf Englisch, finde ich passender.

Mehlschwalbe 068

Delichon urbicum, Schwalben

LÄNGE: 13,5 – 15 cm
STIMME: Gesang weiches Zwitschern, ruft „prrrt“ und „pripit“
BEI UNS: Apr – Okt
LEBENSRAUM: brütet in Kolonien an Häusern, Nahrungssuche in Siedlungen und Offenland

KUGELNEST Mehlschwalben bauen ihr Nest aus Lehmkügelchen an die Außenwand von Gebäuden. Um Lehm zu sammeln, landen sie an Pfützen auf Wegen oder Gewässerrändern. Ursprünglich waren sie nur im Gebirge und an Steinküsten heimisch. Sie sind aber dem Menschen in die Siedlungen gefolgt.

SCHWALBEN UNTERSCHEIDEN

Der Mehlschwalben-Bürzel ist weiß, der Schwanz kurz und gegabelt, bei Rauchschwalben ist der Bürzel dunkel, der Schwanz lang und tief gegabelt.

Bachstelze 069

Motacilla alba, Stelzenverwandte

LÄNGE: 16,5 – 19 cm
STIMME: zwitschernd, Ruf „tsli-witt" oder „tsli-zi-witt"
BEI UNS: März – Nov, in Teilen auch ganzjährig
LEBENSRAUM: Gewässerufer, Siedlungen, Bauernhöfe, Gärten

Bachstelzen kannst du auf Wiesen und an Wegrändern bei der Nahrungssuche beobachten. Hier siehst du einen Jungvogel.

IRREFÜHRENDER NAME Bachstelzen kommen nicht nur an Bächen, sondern auch in vielen Siedlungen, auf Bauernhöfen und sogar in Parks und Gärten vor. Die grau-schwarz-weißen Vögel fallen beim Überfliegen durch den zwei- oder dreisilbigen Flugruf und eine langschwänzige Silhouette auf. Bei der Nahrungssuche wippt die Bachstelze permanent mit dem Schwanz. Die meisten Bachstelzen überwintern im Mittelmeerraum. In Süddeutschland auch an größeren Schlafplätzen.

Gebirgsstelze 070

Motacilla cinerea, Stelzenverwandte

LÄNGE: 17 – 20 cm
STIMME: ruft härter als Bachstelze „zipp" oder „zi-zi"
BEI UNS: ganzjährig
LEBENSRAUM: Fließgewässer

♂ im Prachtkleid

im 1. Winter

RASTLOS Gebirgsstelzen sind rastlose Vögel an Bächen und Flüssen. Sie haben viel Grau auf der Oberseite und einen gelben Steiß. Gebirgsstelzen sind in Gebirgen auf über 2000 m zu beobachten, kommen aber auch an schnell fließenden Gewässern im Flachland vor.

UNTERSCHIED ZUR SCHAFSTELZE

Die Gebirgsstelze hat von allen Stelzen den längsten Schwanz und die kürzesten Beine.

Schafstelze 071

Motacilla flava, Stelzenverwandte

LÄNGE: 15 – 16 cm
STIMME: ruft dünn „psit“, Gesang zwei bis drei kratzende Silben
BEI UNS: Apr – Sept
LEBENSRAUM: offenes Gelände wie Wiesen, Moore, Kartoffeläcker

RASTENDE ZUGTRUPPS Zwar brütet die Wiesenschafstelze (heimische Unterart) in vielen Teilen Deutschlands, am auffälligsten ist sie jedoch zur Zugzeit im April und Mai und im Herbst. Dann sind auf Äckern, auf Schlickflächen und auf Wiesen vermehrt die rastlosen gelbblauen Vögel zu beobachten. Zur Brutzeit wird der Gesang von Gesangswarten wie Steinen, höheren Pflanzen oder Zaunpfählen vorgetragen. In Europa gibt es viele verschiedene Unterarten.

Europa beherbergt viele Unterarten. In Spanien kommt die weißkehlige Iberienschafstelze vor.

Wasseramsel 072 073

Cinclus cinclus, Wasseramseln

LÄNGE: 17 – 20 cm
STIMME: ruft scharf „zritz“, Gesang laut und metallisch gepresst
BEI UNS: ganzjährig
LEBENSRAUM: wilde Fließgewässer der bergigen Lagen

Wasseramseln singen schon im Winter. Ihre Brutzeit beginnt und endet früh. Sie knicksen auffällig und häufig mit den Beinen.

EINZIGARTIGE TAUCHERIN Die Wasseramsel ist der einzige Singvogel, der seine Nahrung unter Wasser sucht. Sie kann hervorragend schwimmen, tauchen und sogar auf dem Flussbett laufen. Ihr Nest bauen Wasseramseln gerne unter Brücken. Sie sitzen häufig auf Steinen im Fluss und springen von dort aus ins Wasser. Auf den Steinen hinterlassen sie große weiße Kotflecken. Knapp über der Wasseroberfläche fliegend rufen sie scharf metallisch.

Heckenbraunelle 074

Prunella modularis, Braunellen

LÄNGE: 13–14,5 cm
STIMME: Gesang klingt wie rostiger Kinderwagen
BEI UNS: ganzjährig
LEBENSRAUM: abwechslungsreiche Wälder mit Unterwuchs, Hecken, Friedhöfe und Gärten

UNAUFFÄLLIG Heckenbraunellen sind leicht zu übersehen. Doch wenn man dann den hohen, kratzigen Gesang hört, lohnt es sich die Baumspitzen abzusuchen. Gerne nutzen Heckenbraunellen die Spitze von kleinen Nadelbäumen, um von dort ihren Gesang vorzutragen. Da lassen sie sich prima beobachten.

MAUS? NEIN – HECKENBRAUNELLE!

Wenn eine Heckenbraunelle geduckt und ruckartig über den Boden huscht, kannst du sie mit einer Maus verwechseln.

Rotkehlchen 075

Erithacus rubecula, Schnäpperverwandte

LÄNGE: 12,5 – 14 cm
STIMME: klarer, zittriger, abfallender Gesang wie ein herabplätschernder Bach
BEI UNS: ganzjährig
LEBENSRAUM: Wälder, Hecken, Parks, Friedhöfe und Gärten

Jungvögel haben noch keine orangefarbene, sondern eine braun gefleckte Brust.

SHOOTINGSTAR Kaum ein anderer Vogel ist so bekannt wie das Rotkehlchen. Der schöne Vogel mit der orangenen Brust ist zwar wachsam, aber sehr zutraulich. Gerade bei der Gartenarbeit ist er neugierig und erhofft sich eine leichte Mahlzeit. Ansonsten hält sich das Rotkehlchen viel in der dichten Vegetation auf, wo es an geschützten Stellen oder in Mauerlöchern brütet. Es besucht auch die Futterstelle, wenn es Obst, Rosinen oder Haferflocken gibt.

Nachtigall 076

Luscinia megarhynchos, Schnäpperverwandte

Zum Gesang der Nachtigall gehören über hundert verschiedene Motive.

LÄNGE: 16 – 16,5 cm
STIMME: lauter, abwechslungsreicher Gesang, auch nachts
BEI UNS: Apr – Sept
LEBENSRAUM: Gebüsche und Hecken gerne in Gewässernähe

GESANGSKÜNSTLERIN Die Nachtigall ist selten zu sehen, aber nicht zu überhören. Wenn sie im April bei uns ankommt, hört man den abwechslungsreichen Gesang morgens und nachts. Zu den häufigsten Motiven gehören laute Schluchzer, Schmetterlaute und klare Flötentöne. Mit etwas Glück sieht man den warmbraunen Vogel mit den dunklen Augen auch mal im Gebüsch singen.
EINSAMES NACHTKONZERT Verpaarte Männchen singen einige Wochen nach ihrer Ankunft im Brutgebiet nicht mehr so ausgiebig in der Nacht. Nur die unverpaarten Männchen schmettern weiterhin die ganze Nacht ihr Lied in der Hoffnung, dass nachts noch ein Weibchen vorbeizieht und sich niederlässt.

Hausrotschwanz 077

Phoenicurus ochruros, Schnäpperverwandte

LÄNGE: 13 – 14,5 cm
STIMME: Gesang 3-teilig: hohe Piepstöne, knirschende Laute, hohe Piepstöne
BEI UNS: März – Okt
LEBENSRAUM: Siedlungen und Geröllhalden in Gebirgen

KULTURFOLGER Der Hausrotschwanz ist dem Menschen in die Siedlungen gefolgt. Das Männchen hat einen rostroten Schwanz und ein grauschwarzes Gefieder, das Weibchen ist mausgrau gefärbt. Männchen aus dem letzten Jahr sehen meist noch aus wie die Weibchen – sie brüten trotzdem schon.

SO UNTERSCHEIDE ICH DIE BEIDEN

Der Gartenrotschwanz 078 sieht ähnlich aus. Das Männchen hat bei ihm aber eine rostrote Brust, das Weibchen ist braun statt grau.

schwarzer Kopf
dunkle Kehle beim ♂
orangene Brust

Schwarzkehlchen 079

Saxicola rubicola, Schnäpperverwandte

LÄNGE: 11,5 – 13 cm
STIMME: eiliger, kratziger Pfeifgesang
BEI UNS: März – Okt
LEBENSRAUM: buschige Landschaft mit Wiesen

SCHWARZER KOPF, ROSTROTE BRUST Die namensgebende schwarze Kehle hat nur das Männchen. Beim Weibchen ist sie braun. Auffällig ist auch der weiße Halsfleck, der beim Weibchen verwaschen ist. Schwarzkehlchen sitzen gerne auf Ansitzwarten und fliegen kurz und hektisch in die Luft, um ein Insekt zu erbeuten.

NEUE LEBENSRÄUME Die Bestände des Schwarzkehlchens haben in den letzten Jahren zugenommen und viele neue Lebensräume wurden besiedelt. Man sieht Schwarzkehlchen mittlerweile regelmäßig auf Weidezäunen, Obstwiesen und auf Büschen an Bahnstrecken. Im Gegensatz zum seltener werdenden Braunkehlchen haben Schwarzkehlchen nie einen Überaugenstreif. Beim Braunkehlchen-Weibchen ist der Streif hellbraun, beim Männchen leuchtend weiß.

IMMER IN AKTION

Schwarzkehlchen halten selten still. Die rastlosen kleinen Vögel zucken meist mit dem Schwanz und den Flügeln und rufen dabei hart und trocken „fiet-trat-trat" oder „trat-trat".

Das weibliche Schwarzkehlchen hat eine braune Kehle.

Singdrossel 080 081

Turdus philomelos, Drosseln

Singdrosseln stehen so ein bisschen gebückt da. Auffällig sind die tropfenförmigen Flecken auf der Brust.

LÄNGE: 20 – 22 cm
STIMME: 2 – 3 Wiederholungen flötender Motive
BEI UNS: März – Okt
LEBENSRAUM: Wälder, gerne mit Unterholz, Parks, Friedhöfe und Gärten

GESANGSVIRTUOSIN Die Singdrossel gehört zu den begabtesten Sängern der Vogelwelt. Ihr Gesang besteht aus angenehmen, lauten, geflöteten und kurzen Motiven, die zwei- bis dreimal wiederholt werden, bevor es zum nächsten Motiv geht. Der Gesang lässt sich auch mit zwei Namen beschreiben: „Judith, Judith, Judith, Konstantin, Konstantin".
Danach wird das nächste Motiv aufgegriffen und vorgetragen.
Neben den Flötenmotiven gibt es auch zwitschernde Laute.

DROSSELSCHMIEDEN Singdrosseln nutzen immer wieder Steine, um daran Gehäuseschnecken aufzuschlagen. An solchen Orten findet man Unmengen an zerstörten Schneckenhäusern. Schnecken gehören zu den Leibspeisen von Singdrosseln.

Misteldrossel 082

Turdus viscivorus, Drosseln

LÄNGE: 26 – 29 cm
STIMME: „Amsel in Moll"
BEI UNS: ganzjährig
LEBENSRAUM: große Wälder mit angrenzenden Freiflächen

WALD UND WIESE Misteldrosseln brüten in Wäldern und suchen auf umliegenden Wiesen nach Nahrung. Ihr Gesang ist kurz und melancholisch, ihr Ruf trocken rasselnd. Der Misteldrosselgesang ist schon im Spätwinter und häufig auch tagsüber zu hören.

Misteldrossel

SO UNTERSCHEIDE ICH DIE BEIDEN

Misteldrosseln stehen aufrecht da, haben runde Punkte auf der Brust und sind insgesamt größer.

Singdrossel

Amsel 083 084

Turdus merula, Drosseln

LÄNGE: 23,5 – 29 cm
STIMME: flötend-zwitschernder Gesang
BEI UNS: ganzjährig
LEBENSRAUM: Wälder, Parks, Gärten, Friedhöfe

BEKANNTER GARTENVOGEL Amseln sind in den meisten Gärten anzutreffen. Das Männchen ist schwarz gefärbt und hat einen gelben Schnabel und einen gelben Lidring. Das Weibchen ist braun gefärbt, so ist es unauffälliger auf dem Nest.
STREITHÄHNE Amselmännchen sind streitlustig und kämpfen immer wieder aufs Neue die Reviergrenzen aus. Dabei verfolgen sie sich laut zeternd und wälzen sich teils auf dem Boden bis die Federn fliegen. Ansonsten hört man sie im Frühling abends vom Dachfirst singen. Ihr Gesang ist laut, melodisch und angenehm. Er besteht aus flötenden und zwitschernden, gepressten Lauten. Er wird mit hohen Tonsprüngen in einem langsamen Tempo vorgetragen. Kurz bevor Amseln sich abends zum Schlafplatz begeben, rufen sie laut und metallisch „pli-pli-pli…“. Beim Auffliegen schlägt das in ein Crescendo um.
VOLLER SCHNABEL Wenn die hungrigen Jungvögel im Nest sitzen, herrscht bei den Amseln Hochbetrieb: Ununterbrochen schaffen sie Würmer, Raupen, Schnecken und Insekten ans Nest. Dabei kann man beobachten, wie eine Amsel mehrere Würmer nacheinander fängt und sie zusammen im Schnabel zum Nest transportiert. Mit vollem Schnabel sind Amseln trotzdem noch fähig, über Rufe und Gesang miteinander zu kommunizieren.

Die Weibchen sind braun gefärbt.

AMSELN LIEBEN BEEREN

Von Sommer bis durch den Winter gehören Beeren und andere Früchte zur ihrer Hauptnahrung. Zu den bevorzugten fruchttragenden Arten gehören u. a. Efeu, Hagebutte, Holunder, Traubenkirsche, Vogelbeere und diverses Gartenobst.

Wacholderdrosseln brüten seit etwa 150 Jahren in Mitteleuropa.

Wacholderdrossel 085

Turdus pilaris, Drosseln

LÄNGE: 22 – 27 cm
STIMME: ruft gestresst schackernd „schak-schak-schak…"
BEI UNS: ganzjährig
LEBENSRAUM: Bäume neben Wiesen, Fußballplätzen, Friedhöfen, Obstwiesen

WINTERGAST Wacholderdrosseln sind vor allem dann auffällig, wenn sie in großen Trupps im Winter durch die Landschaft streifen. Dann fallen sie über liegengebliebenes Obst oder Beeren her. In solchen Trupps sind manchmal auch die selteneren Rotdrosseln zu finden. Die Trupps bestehen aus Brutvögeln aus Nord- und Nordosteuropa, die den Winter bei uns verbringen.
FUSSBALLFAN Doch Wacholderdrosseln brüten auch bei uns. Sie benötigen einige Bäume als Niststandort sowie nahegelegene Freiflächen zur Nahrungssuche. Deshalb sieht man sie häufig auf Sportplätzen, in Freibädern oder auf Friedhöfen. Wenn sie Eindringlinge vertreiben, hörst du den schackernden Ruf.

Mönchsgrasmücke 086 087

Sylvia atricapilla, Grasmückenverwandte

LÄNGE: 13,5 – 15 cm
STIMME: schwatzender Gesang mit flötendem Ende
BEI UNS: Apr – Okt
LEBENSRAUM: Wälder, Parks, Gärten, Friedhöfe

Seit einigen Jahren ziehen manche Mönchsgrasmücken für den Winter auch nach England.

SCHWARZE ODER BRAUNE KAPPE Mönchsgrasmücken brüten mit mehreren Millionen Brutpaaren in Deutschland. Das Männchen hat eine schwarze Kappe, beim Weibchen und den Jungvögeln ist sie braun. Mönchsgrasmücken leben sehr versteckt, meist hört man sie nur. Ihr Gesang besteht aus einem schwatzenden Vorgesang, der in angenehmen Flötentönen endet. Ihr Ruf hört sich an, als würde man zwei Steine gegeneinanderschlagen. Fast alle Mönchsgrasmücken überwintern im Mittelmeerraum.

Weibchen und Jungvögel haben eine braune Kopfplatte.

HÖREN SICH OFT ALBERN AN, ABER HELFEN UNGEMEIN:

Nützliche Eselsbrücken für Vogelstimmen

VOGELSTIMMEN LERNEN kann ganz schön frustrierend sein. Wie wäre es mit einigen Eselsbrücken und Merksprüchen, die dein Vorhaben erleichtern? Ich habe dir eine Auswahl der hilfreichsten zusammengestellt, die aus meiner Sicht wirklich gut sind. **MIT DER APP KOSMOS-PLUS** kannst du dir die Vogelstimmen parallel anhören. Auch mein Video 088 kannst du dir dazu ansehen.

Der Gesang des **Waldlaubsängers** 089 hört sich nach einer auf dem Tisch ausdrehenden **Münze** an.

Die **Dorngrasmücke** 090 ist eine gefiederte Vogelscheuche. Ihr Gesang hört sich nach einem **„He da, Sie da, geh'n Sie weg!"** an.

Zum Glück singen manche Vögel **ihren Namen**. Dazu gehören der **Zilpzalp** 091 (S. 106/107), der **Uhu** 092 (S. 60) und auch der **Kuckuck** 093 (S. 71).

Der Warnruf der **Elster** 094 (S. 127) hört sich nach einer geschüttelten **Streichholzschachtel** an.

Der Gesang des **Girlitzes** 095 klingt wie eine ungeölte, quietschige **Fahrradkette**.

Der Ruf der Mönchsgrasmücke 096 (S. 101) hört sich an, als würde man zwei Kieselsteine gegeneinanderschlagen. Der Gesang besteht aus einem schwatzenden Vorgesang und einem flötenden Ende 097.

Wirst du aus dem Wald, der Streuobstwiese oder sogar aus dem Garten heraus von einem Vogel ausgelacht? Das Lachen ist der Gesang des Grünspechts 100 (S. 77).

Hörst du ein Quieken aus dem Schilf? Keine Sorge, dort leidet vermutlich gerade kein Schwein – du hört lediglich eine Wasserralle 098

Es ist nicht ganz unwahrscheinlich, dass eine Türkentaube 054 (S. 70) bei dir auf dem Hausdach sitzt und dich mit „Du Kuh, du!“ beschimpft.

Der Buchfink 099 (S. 144/145) singt zwar regional etwas verschieden, aber man kann meist ein „Gib gib gib gib mir ein würz’ges Bier!“ heraushören.

Je ausgefallener die Eselsbrücke, desto eher bleibt sie im Kopf!

Teichrohrsänger 101

Acrocephalus scirpaceus, Rohrsängerverwandte

klettert geschickt im Schilf

LÄNGE: 12,5 – 14 cm
STIMME: monoton quietschender Gesang
BEI UNS: Apr – Sept
LEBENSRAUM: Schilfgebiete aller Art

DJ IM SCHILF Der Teichrohrsänger ist in Schilfgebieten aller Art zu finden – ihm reicht selbst ein kleiner Streifen an Bach oder See. Die unauffällig gefärbten Vögel leben meist gut versteckt, wobei ihr Gesang sie verrät: Sie singen eine quietschig-knarrende, monotone Strophe, die an das Platten-Scratchen eines DJs erinnert.

GARTENGAST

Teichrohrsänger tauchen zur Zugzeit gerne in Gärten und Hecken auf. Auch dort singen sie fleißig.

Gelbspötter 102

Hippolais icterina, Rohrsängerverwandte

LÄNGE: 12 – 13,5 cm
STIMME: imitationsreicher, hastiger Gesang mit meckernd-quietschigen Elementen
BEI UNS: Mai – Aug
LEBENSRAUM: strukturreiche Wälder, Auwälder, Feldgehölze, Parks

Der gelbbraune Gelbspötter erinnert im Geäst an einen Zilpzalp, ist aber etwas ruhiger und macht langsamere Bewegungen.

IMITATIONSKÜNSTLER In Südwesteuropa und auch Südwestdeutschland kommt mehr und mehr die ähnliche Schwesternart, der Orpheusspötter, vor. Der Gelbspötter lebt eher versteckt und verrät sich durch seinen hastigen Gesang mit perfekten Imitationen anderer Vögel. Typisch ist ein gequetschtes, meckerndes Motiv. Er überwintert südlich der Sahara.

Singt gerne aus dichter Vegetation.

FRÜHLINGSBOTE

Meist höre ich den Zilpzalp Mitte März zum ersten Mal. Für mich ist das so eine richtige Frühlingsbotschaft nach der langen Winterzeit. Er besetzt dann schon mal sein Brutrevier.

Zilpzalp 103

Phylloscopus collybita, Laubsänger

LÄNGE: 10 – 12 cm
STIMME: singt „zilp zalp zilp zalp“, ruft „huit“
BEI UNS: März – Okt
LEBENSRAUM: Wälder, Feldgehölze, Büsche, Parks und Gärten

KLEINER BRAUNER VOGEL Es gibt viele kleine, unauffällige Vögel, die gerne KBV (**K**leine **B**raune **V**ögel) genannt werden. Der Zilpzalp ist davon der häufigste. Er ist unterseitig warm gelbbraun gefärbt und oberseits grünbraun. Er hat dunkle Beine, einen blassen Überaugenstreif und schlägt im Geäst mit dem Schwanz abwärts.
SINGT SEINEN NAMEN Meist sieht man den Zilpzalp nur kurz durch das Gebüsch huschen, bevor er wieder verschwunden ist. Sein Gesang ist deutlich häufiger zu hören: Er singt zwei- (manchmal dreisilbig) seinen Namen: „Zilp zalp zilp zalp“. Die meisten Vögel überwintern im Mittelmeerraum, wobei einige auch bei uns bleiben. Man erkennt sie am weichen, pfeifenden „huit“-Ruf.

Zilpzalp so:
Zilp zalp zilp zalp

Fitis so:
hilü didelü-dü-dü-düh 104

ZWILLINGSART

Der ähnliche Fitis kommt erst im April und singt eine traurige, abfallende Strophe. Seine Beine sind hell, der Überaugenstreif ist deutlich zu sehen, sein Gefieder gelblicher.

Fitisse überwintern in Afrika.

Wintergoldhähnchen 105

Regulus regulus, Goldhähnchen

LÄNGE: 8,5 – 9,5 cm
STIMME: ruft sehr hoch „si-si-si", Gesang auf- und absteigend „sisisisisi"
BEI UNS: ganzjährig
LEBENSRAUM: Nadelwälder oder Nadelbaumgruppen

DER KLEINSTE HEIMISCHE VOGEL Mit etwa 5 bis 6 g Körpergewicht wiegen Wintergoldhähnchen etwa so viel wie eine 20-Cent-Münze. Die winzigen Vögel mit dem gelb-schwarzen Scheitel turnen am liebsten ganz oben in den Nadelbäumen umher. Ihr Ruf und ihr Gesang sind so hoch, dass man sie im Alter immer schwerer hört. Wintergoldhähnchen legen bis zu 12 Eier. Das Gelege ist dann schwerer als das Weibchen selbst. Verwechselbar mit dem Sommergoldhähnchen.

Das ähnliche Sommergoldhähnchen 106 ist kontrastreicher und etwas größer. Es hat einen weißen Überaugenstreif.

Zaunkönig 107

Troglodytes troglodytes, Zaunkönige

LÄNGE: 9 – 10,5 cm
STIMME: lauter, metallischer Gesang, ruft schnurrend „tserrr" oder schnalzend
BEI UNS: ganzjährig
LEBENSRAUM: unterholzreiche Wälder, gerne in Gewässernähe, Parks, Gärten

Zaunkönige bauen als Nest eine kuschelige Höhle aus Lehm und Moos, in dem bis zu fünf Jungvögel aufwachsen.

KLEINER VOGEL – GROSSER SÄNGER Der winzige Zaunkönig könnte auf den ersten Blick auch eine Maus sein, wenn er ruckartig durch das Unterholz huscht. Wenn der Zaunkönig aber anfängt zu singen, ist alles klar: Einer der kleinsten heimischen Vögel singt mit am lautesten. Mit bis zu 90 Dezibel erklingt seine metallische, sich überschlagende Strophe. Seine kurzen Flügel helfen ihm, im dichten Unterwuchs zu manövrieren. Der Schwanz wird häufig aufgestelzt.

Grauschnäpper 108

Muscicapa striata, Schnäpperverwandte

LÄNGE: 13,5 – 15 cm
STIMME: unauffälliges, metallisches „Zip", „Zirp"
BEI UNS: Mai – Sept
LEBENSRAUM: lichte Wälder, Friedhöfe, Parks, Gärten

GEKONNTER INSEKTENJÄGER Regungslos lauert der Grauschnäpper auf vorbeifliegende Insekten. Dann fliegt er plötzlich hoch, steht kurz akrobatisch in der Luft und fängt seine nächste Mahlzeit. Dann kehrt er auf seinen Ansitz zurück – begleitet von unauffälligen, metallischen Lauten.

TOTAL UNAUFFÄLLIG

Grauschnäpper sind leicht zu übersehen und zu überhören. Achte gezielt auf ihren akrobatischen Jagdflug.

Trauerschnäpper 109 110

Ficedula hypoleuca, Schnäpperverwandte

Schau mal, männliche Trauerschnäpper haben einen weißen Stirnfleck.

LÄNGE: 12 – 13,5 cm
STIMME: auf- und absteigende rhythmische Strophe
BEI UNS: Apr – Sept
LEBENSRAUM: Laubwälder, Parks, Gärten, Friedhöfe

WER ZU SPÄT KOMMT … Trauerschnäpper sind Langstreckenzieher und Höhlenbrüter. Durch das zurückgehende Höhlenangebot finden Trauerschnäpper häufig keinen Brutplatz, weil alle Höhlen bereits von Meisen, Kleibern und anderen Höhlenbrütern besetzt sind. Durch das (späte) Ausbringen von Nistkästen kann man Trauerschnäpper gezielt unterstützen.
VARIABEL GEFÄRBT Männliche Trauerschnäpper sehen regional sehr unterschiedlich aus. Manche sind sehr kontrastreich schwarz-weiß gefärbt, andere haben ein nur blass braungrau und weiß gefärbtes Gefieder. Im Gegensatz zum ähnlichen Halsbandschnäpper haben sie einen schwarzen Nacken.

Kohlmeise 111

Parus major, Meisen

LÄNGE: 13,5 – 15 cm
STIMME: stimmfreudig und variabel, Gesang u. a. zweisilbig „DuDi-DuDi-DuDi…"
BEI UNS: ganzjährig
LEBENSRAUM: Wälder, Parks, Gärten, Feldgehölze

GRÖSSTE MEISE Die Kohlmeise ist die häufigste und kräftigste heimische Meise. Mit ihrer gelben Unterseite und dem kohlschwarzen Kopf mit weißer Wange ist sie unverwechselbar. Kohlmeisen brüten in Baumhöhlen, Nischen und Nistkästen. Im Winter sind sie häufige Gäste am Futterhaus. Im Sommerhalbjahr ernähren sie sich überwiegend von Insekten und deren Larven, im Winter fressen sie am liebsten Fett und Sonnenblumenkerne.

MÄNNCHEN ODER WEIBCHEN Mit ein bisschen Übung kann man die beiden Geschlechter auseinanderhalten. Weibchen haben ein dünnes schwarzes Brustband, das zum Bauch hin unterbrochen ist. Beim Männchen ist der Bauchstreif breit und läuft bis zwischen die Beine ohne Unterbrechung. Beide Geschlechter haben eine grünblaue Oberseite.

AM FUTTERPLATZ

Schön zu beobachten: Eine Kohlmeise holt sich einen Sonnenblumenkern, fixiert ihn mit ihren Zehen, pickt ein Loch hinein und reißt die Schale auseinander, um an den leckeren Kern zu kommen.

Die Kohlmeise (rechts) ist deutlich größer als die Blaumeise (links).

MANCHMAL VERWIRREND

Kohlmeisen haben ein sehr reiches Stimmrepertoire. Selbst nach Jahren der Übung sind sie nicht immer eindeutig am Ruf zu bestimmen. Fang schon im Januar an, ihnen zuzuhören.

Blaumeise 112

Cyanistes caeruleus, Meisen

Jungvögel sind blass gefärbt.

LÄNGE: 10,5 – 12 cm
STIMME: ruffreudig, Gesang und Rufe meist höher und heller als die der Kohlmeise
BEI UNS: ganzjährig
LEBENSRAUM: Wälder, Parks, Gärten, Feldgehölze

EINE NUMMER KLEINER Blaumeisen sind gelb-blau gefärbt und etwas kleiner als die bullige Kohlmeise. Sie brüten gerne in Baumhöhlen und Nistkästen. Die Jungvögel sind deutlich blasser als ihre Eltern. Im Sommer sind sie viel in Familienverbänden anzutreffen.

KLEINE KÄMPFER

Blaumeisen verteidigen ihren Platz am Futterhaus energisch – selbst gegen größere Vögel.

Tannenmeise 113

Periparus ater, Meisen

LÄNGE: 10 – 11,5 cm
STIMME: feine, klare und wehmütige Rufe, Gesang wie „zu schnelle“ Kohlmeise
BEI UNS: ganzjährig
LEBENSRAUM: Nadelwälder

DER NAME IST PROGRAMM Tannenmeisen kommen fast ausschließlich in Nadelwäldern vor, am liebsten mit vielen Fichten. Dort halten sie sich gerne im Kronenbereich auf. Im Winter kommen sie auch an die Futterstellen in Waldrandnähe. Tannenmeisen sind etwa blaumeisengroß und sehen auf den ersten Blick wie eine kontrastarme Kopie der Kohlmeise aus. Ihr Nacken ist aber weiß, sie haben zwei Flügelbinden und manchmal eine kleine Federhaube.

Tannenmeisen lieben auch Meisenknödel.

GENAU HINSCHAUEN LOHNT SICH:

Der knifflige Meisenvergleich

UNSERE BEIDEN MEISEN MIT DEN SCHWARZEN KAPPEN, die Sumpfmeise und die Weidenmeise, sehen sich sehr ähnlich. Sie sind auch für erfahrene Vogelbeobachter manchmal schwer zu unterscheiden. Solche Arten, die auch als Zwillingsarten bezeichnet werden, gibt es gar nicht so selten. Du kannst hier deinen Blick schärfen und genaues Beobachten üben. Schau dir auch gerne mein Video 114 dazu an.

WEIDENMEISE	SUMPFMEISE
Lebensraum Nadelwald der höheren Lagen, teilweise auch unterholzreicher Laub- und Mischwald	**Lebensraum** Feuchte Wälder, Parks und Gärten
Ruf und Gesang Rufen meckernd „zi-DÄDÄDÄ“ 115. Ihr Gesang klingt wehmütig. 116	**Ruf und Gesang** Rufen explosiv 117 und singen eine klappernde Strophe. 118

SUMPFMEISE

Haubenmeise 119

Lophophanes cristatus, Meisen

LÄNGE: 10,5 – 12 cm
STIMME: ruft brodelnd trillernd,
Gesang Kombination aus Ruf und spitzen Tönen
BEI UNS: ganzjährig
LEBENSRAUM: Nadelwald, Nadelholzinseln in Mischwäldern

WIE EIN SPECHT Haubenmeisen brüten in Baumhöhlen, die sie sich selbst bauen. In morsches Holz hacken sie sich kleine Bruthöhlen. Sie sind sehr standorttreu und häufig in den Baumkronen unterwegs. Dort verraten sie sich am ehesten durch ein brodelndes Trillern, was ganzjährig zu hören ist. Im Winter kommen sie auch an die Futterstelle.

AUSKLAPPBAR

Haubenmeisen haben als einzige heimische Meise eine ausgeprägte Haube – die aber auch angelegt werden kann.

Schwanzmeise 120

Aegithalos caudatus, Schwanzmeisen

LÄNGE: 13 – 15 cm (davon 7 – 9 cm Schwanz)
STIMME: dreisilbig „sri-sri-sri" oder schnurrend „zerrr"
BEI UNS: ganzjährig
LEBENSRAUM: Laub- und Mischwälder, Parks, Gärten

Das Nest bauen Schwanzmeisen künstlerisch aus Haaren und Flechten.

RASTLOSE GROSSFAMILIE Außerhalb der Brutzeit trifft man die wenig scheuen, aber rastlosen Vögel in Trupps und Familienverbänden an, wie sie geschickt im Geäst manövrieren. Von der Silhouette erinnern sie an eine Bratpfanne oder einen Lolli. Manche Vögel haben einen auffällig weißen Kopf, andere ein schwarzes Band über dem Auge. Schwanzmeisen besuchen auch die Vogelfütterung, wo sie akrobatisch an den Meisenknödeln hängen.

Kleiber 121

Sitta europaea, Kleiber

LÄNGE: 12 – 14,5 cm
STIMME: ruffreudig, „twett" oder rhythmisch, Gesang aus Pfeiftönen
BEI UNS: ganzjährig
LEBENSRAUM: Wälder, Parks, Gärten

HALSLOS UND WAGHALSIG Kleiber sind die einzigen heimischen Vögel, die kopfüber Baumstämme hinabklettern können. Ihr großer Kopf mit dem dolchartigen Schnabel und der schwarzen Augenbinde sitzt dabei scheinbar halslos auf dem Körper.

KLEBT SEINE HÖHLE ZU

Kleiber verkleben den Eingang ihrer Bruthöhle zum Schutz vor Feinden mit Lehm, daher der Name.

Gartenbaumläufer 122

Certhia brachydactyla, Baumläufer

LÄNGE: 12 – 13,5 cm
STIMME: Ruf kräftig „düüt“, holpriger Gesang
BEI UNS: ganzjährig
LEBENSRAUM: Laubwälder, auch Parks, Gärten

PERFEKT GETARNT Mit ihrer gefleckten Oberseite gehen sie in ihrem Lebensraum völlig unter. Sie halten sich fast ausschließlich an Baumstämmen auf, die sie von unten nach oben ruckartig und spiralförmig nach etwas Fressbarem absuchen. Dann fliegen sie zum Fuß des nächsten Baumes und alles beginnt wieder von vorne. Sie sehen dem Waldbaumläufer sehr ähnlich, der allerdings Nadelwälder bewohnt. Gartenbaumläufer bauen ihr Nest hinter abstehender Rinde.

Der ähnliche Waldbaumläufer 123 hat einen weißen Überaugenstreif und einen weißen Bauch.

schwarze Maske
kräftiger Schnabel
rostbraun
hellrosa Bauch

Neuntöter 124

Lanius collurio, Würger

LÄNGE: 16 – 18 cm
STIMME: ruft nasal „wäh", seltener zwitschernder Gesang mit Imitationen
BEI UNS: Mai – Sept
LEBENSRAUM: offene Kulturlandschaft mit Hecken, Heiden, Weiden

VIELE VORRÄTE Hast du schon einmal aufgespießte Heuschrecken, Insekten oder sogar Mäuse gesehen? Wahrscheinlich war hier ein Neuntöter am Werk. Neuntöter legen sich Nahrungsreserven für schlechtere Zeiten an, indem sie überschüssige Nahrung auf Dornen oder an Stacheldrahtzäunen aufspießen. Dort werden auch Stachel und Flügel entfernt, damit nur das Fressbare übrigbleibt. Dieses Verhalten hat ihm seinen Namen eingebracht: Man dachte früher, dass der Neuntöter erst neun Beutetiere tötet und aufspießt, bevor er sie frisst. In vielen Dialekten gibt es weitere Namen für ihn: Dorndreher, Dickkopp oder Dornkreul.
MASKIERTER JÄGER Die Weibchen sind auf der Oberseite rotbraun gefärbt und haben eine geschuppte Unterseite. Bei den Jungvögeln ist auch die Oberseite geschuppt. Die Männchen haben eine rosa Brust, einen grauen Kopf und eine schwarze Maske. Sie sind recht kompakt gebaut und dickköpfig.
SCHLEIFENZIEHER Neuntöter ziehen im Frühling über Ostafrika und Osteuropa zu uns. Im Herbst nutzen sie die Westroute zu ihren Überwinterungsgebieten in Südafrika. Sie gehören zu den letzten heimischen Brutvögeln, die bei uns im Frühjahr eintreffen. Erst im Mai hört man vermehrt den Ruf und Gesang in der Kulturlandschaft. Neuntöter sitzen gerne exponiert.

Das Weibchen hat eine braune Maske.

Wie ein Neuntöter-Paar mich einen anderen Blick auf die Natur lehrte

NEUNTÖTER SIND wundervolle Vögel, zu denen ich ein ganz besonderes Verhältnis habe. Nicht nur ihr schönes Aussehen, ihre besondere Lebensweise oder ihr spannendes Verhalten machen sie für mich so faszinierend, es gibt auch eine ganz besondere Geschichte, die ich mit ihnen teile. Es war mein erster Sommer an meinem neuen Wohnort und ich entdeckte viele neue Orte zum Vögelbeobachten für mich. Eines Abends war ich an einer Kapelle, von der aus ich in alle Richtungen ins Tal schauen konnte. Am Hang lag eine Wacholderheide. Einzelne Wacholderbüsche standen

In meinem Video 125 kannst du mitkommen zu den Neuntötern.

auf einer trockenen Weide, auf der hin und wieder Schafe grasten. Der perfekte Lebensraum für den Neuntöter, der Großinsekten auf dem Boden jagt, genügend Ansitzwarten findet und seine Nahrung auf den Büschen aufspießen kann. Und tatsächlich sollte diese Fläche auch das Zuhause für zwei Neuntöter-Paare sein. Da der Wanderweg oberhalb der Wacholderheide entlang ging, war ich immer wieder mit dem Neuntöter auf Augenhöhe, wenn er unterhalb von mir auf der Spitze eines Busches saß. Scheinbar ohne Scheu jagte er vor mir, paarte sich mit seiner Partnerin und jagte Laufkäfer. Als die Sonne langsam unterging und der Himmel sich feuerrot färbte, saß er wieder einige Meter vor mir und wir genossen scheinbar zusammen den Sonnenuntergang. In den nächsten Wochen bin ich viele weitere Male zurückgekommen, mal mit Kamera – mal nur mit dem Fernglas. Scheinbar ungestört zog das Paar einen Meter vom Weg entfernt seine Jungvögel groß – ein unvergessliches Erlebnis. In diesen Wochen ist ein weiteres Mal ein Feuer für die Vogelbeobachtung in mir entfacht worden, obwohl es doch eigentlich schon brannte. Diese Erfahrung hat mich gelehrt, dass es sich lohnt, immer und immer wieder denselben Ort aufzusuchen. Mit jedem Mal entdeckte ich Neues, konnte das Verhalten des Neuntöters besser deuten und noch schönere Beobachtungen genießen. Eine Beobachtung auf Augenhöhe – ich als Beobachter bin also ein Teil der Natur.

Nimm dir Zeit, sei offen für das, was die Natur bereithält, dann gehen die Türen auf für besondere Beobachtungen.

Raubwürger 126

Lanius excubitor, Würger

Raubwürger führen Dauerehen, verbringen den Winter aber getrennt voneinander.

LÄNGE: 22 – 26 cm
STIMME: ruft trillernd „prrrrih“, im Winter meist stumm
BEI UNS: ganzjährig
LEBENSRAUM: offene Kulturlandschaft, Moore, Heiden

SINGVOGEL MIT GREIFVOGELSCHNABEL Der weiß-schwarz-grau gefärbte Raubwürger ist der größte europäische Würger. Er hat einen langen Schwanz, eine schwarze Maske sowie einen „Greifvogelschnabel“. Er sitzt gerne auf Ansitzwarten wie Baumspitzen oder Büschen und sucht von dort nach Nahrung. Seine Beutetiere – Eidechsen, Mäuse, Käfer und auch Vögel – sammelt er in Vorratslagern.

WINTERREVIERE Raubwürger brüten in vielen Teilen Deutschlands nicht mehr, sie überwintern aber hier. Jeder Vogel beansprucht dann ein eigenes, bezogen auf seine Körpergröße, riesiges Winterrevier. Häufig kommen Raubwürger jeden Winter in dasselbe Revier zurück.

Elster 127

Pica pica, Krähenverwandte

LÄNGE: 40 – 51 cm
STIMME: schäckernder Ruf
BEI UNS: ganzjährig
LEBENSRAUM: offene Landschaft mit Bäumen

SCHLAU UND AUFMERKSAM Auch wenn die Elster nicht „diebisch“ ist, schaut sie aufmerksam zu. Gerade in Siedlungen sind Elstern wenig scheu und man kann sie dabei beobachten, wie sie würdevoll durch den Garten spazieren. Ihr Ruf hört sich an wie das Schütteln einer Streichholzschachtel. Elstern bauen überdachte Nester in Feldgehölze der offenen Landschaft. Gerade vor Laubaustrieb kann man viele Nester entlang der Autobahnen sehen.

Ein großes, überdachtes Elsternest

Eichelhäher 128

Garrulus glandarius, Krähenverwandte

LÄNGE: 32 – 35 cm
STIMME: ruft heiser rätschend „krschäääh“, imitiert Mäusebussard und Habicht
BEI UNS: ganzjährig
LEBENSRAUM: Wälder, Parks, Friedhöfe, Gärten

BERUFSFÖRSTER Eichelhäher sammeln und verstecken Eicheln sowie Nüsse im Herbst, um im Winter ausreichend Nahrung zu haben. Einige dieser Verstecke vergisst der Eichelhäher wieder, sodass er aktiv zur Verbreitung von Eichen beiträgt. Im Herbst verbringt er damit bis zu acht Stunden pro Tag. Über den gesamten Herbst sammeln Eichelhäher bis zu 15 kg Eicheln und Nüsse.
WALDWÄCHTER Der rätschende Ruf des Eichelhähers warnt nicht nur andere Eichelhäher vor potenziellen Gefahren. Auch andere Waldbewohner wie Vögel oder Rehe reagieren auf den Ruf. Zusätzlich imitiert der Eichelhäher täuschend echt den miauenden Ruf des Mäusebussards und das Gackern des Habichts. Sein glucksender Gesang ist leise und nur sehr selten zu hören.

GLÜCKSFUND

Der Eichelhäher hat ein hellblau-schwarzes Flügelfeld. Die Federn stechen im Sitzen und im Flug heraus. Mit etwas Glück findest du solch eine Feder im Wald.

NICHT NUR EICHELN

Eichelhäher fressen auch Bucheckern, Nüsse, Sämereien, Beeren, Obst, Insekten und andere kleine Tiere, seltener Eier und Jungvögel.

Dohle 129

Coloeus monedula, Krähenverwandte

LÄNGE: 30 – 34 cm
STIMME: ruft „kjak“ oder „kja“
BEI UNS: ganzjährig
LEBENSRAUM: Gebäudebrüter in Burgruinen, Kirchen und Schornsteinen, Wälder

Als Höhlenbrüter nehmen Dohlen auch Nisthilfen an.

LEBEN IN GEMEINSCHAFT Dohlen sind selten alleine anzutreffen. Die grau-schwarzen Vögel mit dem hellen Auge leben in Dauerehen und sind auch außerhalb der Brutzeit in Schwärmen oder zumindest zu zweit zu beobachten. Im Winter vergesellschaften sie sich auch mit Saatkrähen und suchen gemeinsam auf Feldern nach Würmern, Schnecken und Körnern. Eigentlich brüten Dohlen in verlassenen Schwarzspechthöhlen. Heute brüten aber die meisten in Gebäudenischen.

Kolkrabe 130

Corvus corax, Krähenverwandte

LÄNGE: 54 – 67 cm
STIMME: ruft heiser „krrorr krrorr" oder „korrp"
BEI UNS: ganzjährig
LEBENSRAUM: Wälder, Gebirge

Im Flug fällt der keilförmige Schwanz auf.

GRÖSSTER HEIMISCHER SINGVOGEL Kolkraben erreichen die Größe eines Mäusebussards und sind bei uns die größten Singvögel. Sie leben in lebenslangen Ehen und kreisen gerne gemeinsam am Himmel. Sie brüten in Felsnischen oder in hohen Bäumen und nutzen ihr Nest über viele Jahre. Kolkraben sind deutlich größer als ihre anderen heimischen Krähenverwandten.

INTELLIGENZBESTIE

An der Uni Osnabrück fanden Forscherinnen heraus, dass die kognitiven Leistungen von vier Monate alten Kolkraben bereits vergleichbar sind mit denen von Menschenaffen!

Rabenkrähe 131

Corvus corone, Krähenverwandte

LÄNGE: 44 – 51 cm
STIMME: ruft heiser „krääh"
BEI UNS: ganzjährig
LEBENSRAUM: brütet in Feldgehölzen, Siedlungen, Kulturlandschaften, Nahrungssuche im Offenland

DER KRÄHENVOGEL SCHLECHTHIN Wenn man von der Krähe spricht, ist häufig die Rabenkrähe gemeint. Die schwarzen Vögel mit dem kräftigen Schnabel brüten meist in Feldgehölzen und ernähren sich von Aas, Würmern, Insekten und kleinen Wirbeltieren. Zur Brutzeit erbeuten sie Nestlinge und Eier von anderen Vögeln.

GEMEINSAME SCHLAFPLÄTZE

Im Herbst und Winter treffen sie sich abends lautstark krächzend an gemeinsamen Schlafplätzen in Baumgruppen.

Nebelkrähe 131

Corvus cornix, Krähenverwandte

Nur die Farbe ist anders (vgl. Rabenkrähe).

LÄNGE: 44 – 51 cm
STIMME: ruft heiser „krääh“, manchmal etwas härter als Rabenkrähen
BEI UNS: ganzjährig
LEBENSRAUM: Feldgehölze, Baumgruppen, Siedlungen, Waldränder

ÖSTLICHE VERWANDTSCHAFT Die Nebelkrähe ersetzt die Rabenkrähe östlich der Elbe. Insgesamt sind die grau-schwarzen Vögel in Europa häufiger als die Rabenkrähe, weil ihr Verbreitungsgebiet größer ist. Durch Deutschland läuft eine stabile Hybridisierungszone, in der gemischt gefärbte Individuen vorkommen. Bei ihnen ist ein Elternteil eine Nebelkrähe, das andere eine Rabenkrähe.
ÄHNLICHES LEBEN Von der Lebensweise und dem Verhalten sind sich beide Arten sehr ähnlich. Da sie unter anderem Aas und menschliche Abfälle fressen, räumen sie in der Landschaft auf. Beide Arten haben leider ein Imageproblem, da sie auch Nester anderer Vögel plündern, was auch Eichhörnchen und Buntspechte machen, und ganz natürlich ist.

SAATKRÄHEN SIND SEHR SOZIAL

Sie leben sehr friedlich mit ihrem Partner zusammen. Forscher beobachteten keinen einzigen Streit zwischen einander innig verbundenen Männchen und Weibchen.

Saatkrähe 132 133

Corvus frugilegus, Krähenverwandte

LÄNGE: 41 – 49 cm
STIMME: ruft heiser „gaaah“ oder „graah“
BEI UNS: ganzjährig, im Winter häufiger
LEBENSRAUM: Brutkolonien in Siedlungen, Nahrungssuche im Offenland

IN SCHWÄRMEN Während die anderen großen Krähenverwandten eher paarweise anzutreffen sind, sind Saatkrähen überaus gesellig. Sie brüten in Siedlungen in großen Kolonien mit teils mehreren Hundert Brutpaaren und sind auch bei der Nahrungssuche selten allein. Man sieht sie auf Feldern und Wiesen. Im Winter kommen weitere Schwärme aus Nordosteuropa dazu. Auch Dohlen mischen sich gerne in diese Trupps.
HÄUFIG GEWORDEN Saatkrähen waren viele Jahre sehr selten – auch weil sie vom Menschen verfolgt wurden. In den letzten Jahrzehnten haben sie die Städte als Brutplatz für sich entdeckt und die Bestände sind stark angestiegen – zum Leidwesen mancher Anwohner. Eine Saatkrähenkolonie ist sehr laut und hinterlässt viel Kot.

Gesellige Koloniebrüter

WER IST WER?

Saatkrähen rufen rauer „gaaah“ als Rabenkrähen und sind häufiger in Gesellschaft unterwegs. Am besten unterscheidet man sie am Ruf und der unterschiedlichen Schnabelform und -färbung.

Star 134 135

Sturnus vulgaris, Starenverwandte

LÄNGE: 19 – 22 cm
STIMME: Gesang aus knackenden, pfeifenden und metallischen Tönen mit Imitationen
BEI UNS: Feb – Nov, zunehmend ganzjährig
LEBENSRAUM: Parks, Gärten, Friedhöfe, Streuobstwiesen, lichte Wälder

Star im Schlichtkleid voller weißer Sprenkel

EXTROVERTIERTE SHOOTINGSTARS Stare gehören zu den am auffälligsten gefärbten heimischen Vögeln. Die Erwachsenen haben ein schwärzliches Schlichtkleid mit zahlreichen Flecken. Durch Abnutzung der hellen Spitzen ist das Prachtkleid im Frühling und Frühsommer dann deutlich glänzender metallisch mit Lila-, Grün- und Blautönen und weniger Punkten. Im Herbst mausern die Stare dann wieder ins stark gesprenkelte Schlichtkleid. Die Jungvögel sind einfarbig graubraun und ungefleckt. Wenn sie zum ersten Winter mausern, kannst du „zweigeteilte" Jungvögel entdecken: oben noch mit einfarbigem Kopf und Hals und weiter unten schon mit dem gesprenkelten Körper.

DER HIMMEL VERDUNKELT SICH Stare sind sehr gesellige Vögel, die gerne in großen Trupps unterwegs sind. Ab dem Sommer, wenn die Brutzeit sich dem Ende neigt, suchen Stare in kleineren Trupps Nahrung und fliegen abends zu gemeinsamen Schlafplätzen. An solchen Orten sind oft mehrere Tausend Vögel zu sehen, die wie ein Fischschwarm pulsierend durch die Luft gleiten.

GESANGSKÜNSTLER Kaum ein anderer heimischer Vogel hat solch ein reiches Gesangsrepertoire. Neben rauen, schnarrenden, kreischenden, knackenden und pfeifenden Tönen besteht der Gesang auch aus täuschend echten Imitationen. Stare machen gerne Kiebitze, Pirole, Bachstelzen, Rotmilane, Haussperlinge und andere Vögel nach. Auch menschliche oder mechanische Geräusche werden in den Gesang eingebaut. Beim Singen flattern Stare nervös mit den Flügeln.

UNVERWECHSELBAR

Auf dem ersten Blick ähnelt er einer Amsel. Wenn du die Farben nicht schillern siehst, wirkt er ebenso schwarz. Aber er schreitet mit wackelndem Kopf über die Wiese, die Amsel hüpft.

Pirol 136

Oriolus oriolus, Pirole

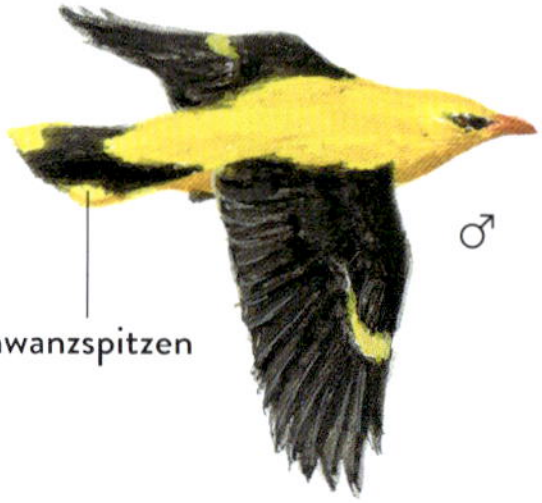

LÄNGE: 22 – 25 cm
STIMME: flötend „düdelio“
BEI UNS: Mai – Aug
LEBENSRAUM: Auwälder, Pappelalleen, Parks

Das Weibchen ist gelblich grün.

GUT VERSTECKT Nur sehr selten sieht man die gelb-schwarzen Vögel frei sitzen. Die Weibchen und junge Männchen sind eher gelblich grün und schwarz gefärbt. Meist halten sie sich gut versteckt in den Baumkronen von Auwäldern auf und verraten sich durch den angenehmen, flötenden Gesang. Der Pirolgesang ist recht kurz und einfach vom Menschen nachzupfeifen. Vorsicht: Schon zeitig im Frühling hört man Stare den Gesang des Pirols täuschend echt nachmachen.

Feldsperling 137

Passer montanus, Sperlinge

LÄNGE: 12,5 – 14 cm
STIMME: tschilpt etwas höher als Haussperling, eher zweisilbig
BEI UNS: ganzjährig
LEBENSRAUM: Feldgehölze, Streuobstwiesen, Gärten, Waldränder

MÄNNCHEN UND WEIBCHEN SIND GLEICH Feldsperlinge sind gerne in Trupps unterwegs und suchen viel auf dem Boden nach Nahrung. Anders als beim Haussperling sind beide Geschlechter gleich gefärbt. Feldsperlinge brüten in Höhlen und nehmen auch Nistkästen an.

SO HABE ICH ES MIR GEMERKT

Feldsperlinge haben eine braune Kopfkappe (Feld), die der Haussperlinge ist grau (Asphalt = Stadt).

GRAUE KAPPE

Männliche Haussperlinge kannst du durch ihre asphaltgraue Kopfkappe vom ähnlichen Feldsperling unterscheiden.

Haussperling 138

Passer domesticus, Sperlinge

LÄNGE: 14 – 16 cm
STIMME: monotones Tschilpen
BEI UNS: ganzjährig
LEBENSRAUM: Siedlungen

DA IST MÄCHTIG WAS LOS Haussperlinge sind soziale Vögel, die gerne in großen Trupps umherstreifen. Man hört ihr monotones Tschilpen aus den Hecken im Garten und kleine Auseinandersetzungen werden lautstark zeternd begleitet. Auch zur Brutzeit verteidigen Haussperlinge keine Reviere, sondern dulden sich gegenseitig. So brüten sie auch in unmittelbarer Nähe zueinander unter Dachziegeln oder in Ritzen im Gemäuer.

GLOBAL VERTRETEN Haussperlinge kommen eigentlich aus Westasien. Ihre Anpassungsfähigkeit führte dazu, dass sie sich als Kulturfolger in fast allen menschlichen Siedlungen etabliert haben. Selbst in den scheinbar unbewohnbaren Innenstädten von Metropolen sind sie zu finden. Außerdem wurden sie in viele Teile der Welt vom Menschen eingeführt.

Weiblicher Haussperling

UNAUFFÄLLIGE WEIBCHEN

Die Weibchen des Haussperlings sind oberseitig braun-schwarz gestrichelt. Ihre Unterseite ist wie beim Männchen grau. Auffällig bei beiden ist der kegelförmige, kräftige Schnabel.

Stieglitz 139

Carduelis carduelis, Finken

LÄNGE: 11,5 – 14 cm
STIMME: munter zwitschernd klingelnder Gesang, ruft dreisilbig „tigelitt"
BEI UNS: ganzjährig
LEBENSRAUM: Feldgehölze, Kulturlandschaft, Gärten

DER DISTELFINK Gerade nach der Brutzeit sind Stieglitze sehr gesellig und schließen sich auch mit anderen Finken zusammen. Gemeinsam durchstreifen sie die Landschaft und lassen sich gerne auf Disteln und Hochstauden nieder, um die feinen Samen zu fressen. Im Herbst ziehen viele Stieglitze nach Südeuropa.

Bei den Männchen ragt das Rot im Gesicht bis knapp hinter das Auge. Bei den Weibchen dominiert das Weiß.

Grünfink 140

Chloris chloris, Finken

LÄNGE: 14 – 16 cm
STIMME: trillernd wie ein Kanarienvogel oder unmusikalisch „dwäääätsch“
BEI UNS: ganzjährig
LEBENSRAUM: baumbestandene Landschaften, außer in Wäldern

GRIMMIGER GARTENBEWOHNER Grünfinken kommen in vielen Lebensräumen vor, so auch im Garten. Ihre dunklen Augen in Kombination mit dem kräftigen Schnabel erzeugen einen eher grimmigen Gesichtsausdruck. Neben der moosgrünen Gefiederfärbung ist in Schwanz und Flügeln auch viel Gelb zu finden. Die Weibchen sind etwas matter bräunlich gefärbt.

GEMÄCHLICHER BALZFLUG

Grünfinken balzen mit einem fast zeitlupenartigen Flug über ihr Revier. Dabei tragen sie ihren Gesang vor.

Buchfink 141

Fringilla coelebs, Finken

LÄNGE: 14 – 16 cm
STIMME: stimmfreudig, ruft „pink", singt kräftigen „Finkenschlag"
BEI UNS: ganzjährig
LEBENSRAUM: Wälder, baumreiche Landschaften, Gärten

ÜBERALL ZU SEHEN Zusammen mit der Amsel ist der Buchfink der häufigste heimische Brutvogel. Er ist sehr anpassungsfähig und in vielen Lebensräumen zu finden, solange es einige Bäume gibt. Im Winter kommen Buchfinken gerne auch an die Futterstelle in Gärten.
KAUM ZU ÜBERHÖREN Neben dem Regenruf, der häufig bei schlechtem Wetter geäußert wird, singen Buchfinken eine kräftige Strophe. „Gib gib gib mir das würz'ge Bier" ist eine gute Eselsbrücke. Typisch ist auch ein explosiver „Fink"-Ruf (oder auch „Pink"). Der Flugruf ist ein weiches „Jupp". Das Weibchen ist graubraun und beige gefärbt, das Männchen hat einen grauen Kopf und eine blassrötliche Brust.

Das Weibchen hat eine graubraune Brust.

ZUGZEIT

Im Herbst ziehen Millionen Buchfinken von Nord- und Osteuropa nach Südeuropa, um dort den Winter zu verbringen. Unsere heimischen Brutvögel bleiben zum Großteil auch im Winter hier.

SO ERKENNST DU IHN SOFORT

Sowohl im Sitzen als auch im Flug fallen beim Buchfink die beiden kräftigen weißen Flügelbinden und die Schwanzseiten direkt ins Auge.

Erlenzeisig 142

Spinus spinus, Finken

LÄNGE: 11 – 12,5 cm
STIMME: schnelle, quietschende Strophe, Flugruf wehmütig „dliü"
BEI UNS: ganzjährig
LEBENSRAUM: brütet in Nadelwäldern der Gebirge, im Winter auch in Gärten, Parks

WIE EINE MEISE Auf der Nahrungssuche turnen Erlenzeisige unermüdlich im Geäst von Erlen und Birken. Die rastlosen Vögel sind gerne in Trupps unterwegs. Sie brüten überwiegend in den Mittelgebirgen und den Alpen. Im Winter kommen viele Erlenzeisige aus Nordeuropa zu uns.

KLEINE GELBE VÖGEL UNTERSCHEIDEN

Die anderen kleinen gelben Singvögel wie die Goldammer und der Girlitz haben weniger Schwarz im Gefieder.

Gimpel 143

Pyrrhula pyrrhula, Finken

LÄNGE: 15,5 – 17,5 cm
STIMME: sanftes Flöten „djüü"
BEI UNS: ganzjährig
LEBENSRAUM: abwechslungsreiche Misch- und Nadelwälder, Parks, Friedhöfe

Die Weibchen sind unterseits graubraun gefärbt.

UNAUFFÄLLIG AUFFÄLLIG Die auch als Dompfaff bekannten Vögel wirken mit der blutroten Brustfärbung und dem kontrastreichen schwarz-weißen Gefieder sehr auffällig. Sie leben aber die meiste Zeit eher zurückgezogen und sind wenig zu sehen. Beide Geschlechter singen selten eine holprige pfeifende und kratzige Strophe aus dem Kronendach dichter Wälder. Im Winter sind die bulligen Finken auch in Gärten zu sehen und bedienen sich am Futterhaus.

Kernbeißer 144

Coccothraustes coccothraustes, Finken

LÄNGE: 16,5 – 18 cm
STIMME: ruft hart „Pix“ und „Ziek“
BEI UNS: ganzjährig
LEBENSRAUM: Laub- und Mischwald, baumreiche Gärten

FINKENKÖNIG Der Kernbeißer ist ein bulliger, großer Fink mit riesigem Schnabel. Sein Gefieder ist auffällig bunt gefärbt und im Flug kannst du ihn aufgrund seiner Größe fast für eine Drossel halten. Kernbeißer brüten hier – weitere Individuen kommen im Winter aus Nordeuropa zu uns.

KIRSCHKERNKNACKER

Kernbeißer knacken mit ihrem starken Schnabel sogar Samen von Steinobst wie Kirschkerne, aber auch andere Sämereien.

Girlitz 145

Serinus serinus, Finken

Der Girlitz ist überwiegend gelb am ganzen Körper.

LÄNGE: 11 – 12 cm
STIMME: schneller, quietschender, scharfer Gesang
BEI UNS: März – Okt
LEBENSRAUM: Siedlungen, abwechslungsreiche Kulturlandschaft

KLEIN, GELB, UNAUFFÄLLIG Der Girlitz ist nur etwa blaumeisengroß und damit der kleinste europäische Fink. Er kommt in Deutschland eher in den trockenen, heißen Regionen vor. Dort ist er in der Kulturlandschaft und häufiger in Siedlungen anzutreffen. Sein Gesang hört sich wie eine ungeölte Fahrradkette an und wird im Singflug oder häufig von Stromleitungen vorgetragen. Im Mittelmeerraum sind Girlitze sehr häufig. Ihr Schnabel ist sehr klein und kurz.

Das Weibchen ist weniger leuchtend gelb gefärbt. Auch sein Bürzel ist hellgelb.

Blaumeisen fressen Körner und Fettfutter, das weiter oben steht oder hängt.

HIER IST IMMER ETWAS LOS!

Vögel an der Futterstelle

VOGELFÜTTERUNGEN HELFEN nicht nur dabei, den Vögeln etwas unter die Arme zu greifen. Sie sind auch sehr nützlich, dein Interesse an der Vogelwelt noch größer zu machen, weil du tolle Beobachtungen vom Zimmerfenster aus genießen kannst. An kaum einem anderen Ort lassen sich die Interaktionen zwischen Vögeln besser beobachten. Am Futterhaus kann eine große Artenvielfalt herrschen. Du kannst kleine Streitigkeiten beobachten und Vögel aus nächster Nähe sehen.

FÜNF TIPPS ZUM FÜTTERN

1) Das richtige Futter: Geeignet sind Sonnenblumenkerne, gehackte Nüsse, Mohn, Hirse, Ramtill-Saat, Hanfsamen, in Öl getränkte Haferflocken, getrocknete Beeren und Fett (Kokosfett, Rindertalg) oder die Zutaten in dem Fett eingeschmolzen. Du kannst das Futter selbst zusammenstellen.
2) Reinige die Futterstelle regelmäßig, um die Verbreitung von Krankheiten zu vermeiden.
3) Füttere verschiedenes Futter an verschiedenen Plätzen, damit mehr Vögel davon profitieren: aufgehängt in Formen, Knödeln, Silos oder Gittern, in erhöhten Futterhäusern und am Boden.
4) Die Futterstelle sollte katzensicher, also relativ frei und einsehbar für die Vögel sein.
5) Biete eine Tränke und Bademöglichkeit an, gerade im Sommer. Diese auch regelmäßig reinigen.

Haussperlinge baden gerne, sowohl im Wasser als auch in Sand und Staub.

Rotkehlchen sind sehr viel am Boden unterwegs. Sie fressen wie Drosseln auch gerne Fallobst.

Goldammer 146

Emberiza citrinella, Ammern

LÄNGE: 15,5 – 17 cm
STIMME: ruft metallisch „tzik“, Gesang „zizizizizi-zieh-düüh“
BEI UNS: ganzjährig
LEBENSRAUM: Feldgehölze, strukturreiche Kulturlandschaft mit Hecken und Brachen

EXPONIERTE SÄNGER Ihren Gesang tragen die gelben Männchen gerne gut sichtbar vor. Das Nest hingegen ist tief und bodennah im Gestrüpp versteckt. Zur Nahrungssuche halten sie sich gerne truppweise auf dem Boden auf. Örtlich sind sie im Winter auch unter Futterstellen zu sehen.

WOHLKLINGEND

Mit „Ich ich ich ich ich hab dich sooo liiieb“ merkst du dir ihren Gesang.

Rohrammer 147

Emberiza schoeniclus, Ammern

LÄNGE: 13,5 – 15,5 cm
STIMME: ruft „zieh“, singt stotternd
BEI UNS: März – Okt
LEBENSRAUM: Schilfgebiete, Moore, seltener im Rapsfeld

Das Weibchen der Rohrammer ist braun gestreift und hat einen hellen Bartstreif im Gesicht.

AUCH ROHRSPATZ GENANNT Die im Schilfdschungel lebenden Rohrammern sind leicht zu übersehen, da sie häufig verdeckt sitzen. Ihre etwa fünfsilbige, stotternde Strophe ist eher unauffällig. Das Weibchen hat eine schöne braunschwarze Zeichnung im Gesicht. Der Kopf und die Kehle des Männchens sind schwarz, umrandet von einem weißen Nackenband. Die meisten Rohrammern ziehen im Winter in den Mittelmeerraum. In Süddeutschland bilden sich große Schlafplätze.

Die App-Codes im Überblick

Hier findest du alle Arten mit ihren App-Codes in alphabetischer Reihenfolge.

DIE STIMMEN (AUDIOS)

Art	App-Code
Alpenstrandläufer	021
Amsel	083
Bachstelze	069
Bekassine	026
Blässhuhn	016
Blaumeise	112
Brachvogel	025
Buchfink	141
Buchfink Gesang	099
Buntspecht	062
Dohle	129
Dorngrasmücke Gesang	090
Eichelhäher	128
Eisvogel	058
Elster	127
Elster Ruf	094
Erlenzeisig	142
Fasan	007
Feldlerche	066
Feldsperling	137
Fitis	104
Flussregenpfeifer	018
Flussseeschwalbe	033
Flussuferläufer	023
Gartenbaumläufer	122
Gartenrotschwanz	078
Gebirgsstelze	070
Gelbspötter	102
Gimpel	143
Girlitz	145
Girlitz Gesang	095
Goldammer	146
Graugans	002
Graureiher	011
Grauschnäpper	108
Grünfink	140
Grünspecht	061
Grünspecht Gesang	100
Habicht	042
Haubenmeise	119
Haubentaucher	009
Hausrotschwanz	077
Haussperling	138
Heckenbraunelle	074
Heringsmöwe	031
Höckerschwan	001
Kampfläufer	027
Kernbeißer	144
Kiebitz	020
Kleiber	121
Kohlmeise	111
Kolkrabe	130
Kormoran	010
Kranich	017
Kuckuck	055
Kuckuck Gesang	093
Küstenseeschwalbe	034
Lachmöwe	032
Mauersegler	056
Mäusebussard	039
Mehlschwalbe	068
Misteldrossel	082
Mittelmeermöwe	029
Mittelspecht	064
Mönchsgrasmücke	086
Mönchsgrasmücke Gesang	097
Mönchsgrasmücke Ruf	096
Nachtigall	076
Nebelkrähe	131
Neuntöter	124
Nilgans	003
Pirol	136
Rabenkrähe	131
Raubwürger	126
Rauchschwalbe	067
Rebhuhn	006
Ringeltaube	053
Rohrammer	147
Rotkehlchen	075
Rotmilan	036
Saatkrähe	132
Schafstelze	071
Schwanzmeise	120
Schwarzkehlchen	079
Schwarzmilan	037
Schwarzspecht	060
Seeadler	035
Silbermöwe	030
Silberreiher	012
Singdrossel	080
Sommergoldhähnchen	106
Sperber	041
Star	134
Steinkauz	050
Stieglitz	139
Stockente	004
Straßentaube	052
Sturmmöwe	028
Sumpfmeise Gesang	118
Sumpfmeise Ruf	117
Tannenmeise	113
Teichhuhn	015
Teichrohrsänger	101
Trauerschnäpper	109
Türkentaube	054
Turmfalke	044
Uferschnepfe	024
Uhu	046
Uhu Gesang	092
Wacholderdrossel	085
Waldbaumläufer	123
Waldkauz	049

Waldlaubsänger
Gesang **089**
Waldohreule **047**
Wanderfalke **045**
Wasseramsel **072**
Wasserralle Gesang . . **098**
Weidenmeise Gesang . **116**
Weidenmeise Ruf **115**
Weißstorch **013**
Wendehals **065**
Wiedehopf **057**
Wintergoldhähnchen . **105**
Zaunkönig **107**
Zilpzalp **103**
Zilpzalp Gesang **091**
Zwergtaucher **008**

DIE FILME (KALLES VIDEOS)

Art **App-Code**
Alpenstrandläufer **022**
Amsel **084**
Buntspecht
Nachwuchs **063**
Eisvogel **059**
Mäusebussard **040**
Mönchsgrasmücke . . . **087**
Neuntöter **125**
Rotmilan/Schwarzmilan
Unterschiede **038**
Saatkrähe **133**
Singdrossel **081**
Sperber/Habicht
Unterschiede **043**
Starenschlafplatz **135**
Stockente **005**
Sumpfmeise/Weidenmeise
Unterschiede **114**
Trauerschnäpper **110**
Vogelbeobachtung
im Herbstwald **051**
Vogelstimmen lernen
im Wald **019**
Vogelstimmen
und Eselsbrücken . . **088**
Waldohreule
Jungvögel **048**
Wasseramsel **073**
Weißstorch **014**

Register

Die gefetteten Zahlen zeigen dir, auf welchen Seiten du die ausführlichen Artporträts findest.

Accipiter gentilis 57, 128
– nisus **56**, 57
Acrocephalus scirpaceus 71, **104**
Actitis hypoleucos **37**
Aegithalos caudatus **119**
Alauda arvensis **82**
Alcedo atthis **74**
Alopochen aegyptiaca **17**
Alpenstrandläufer **36**
Amsel **98**, 137
Anas platyrhynchos **18**, 65
Anser anser **16**
Apus apus **72**
Ardea alba **26**
– cinerea **25**
Asio otus **61**
Athene noctua **63**

Bachstelze 86
Bekassine **40**
Blässgans 16
Blässhuhn **29**
Blaumeise 65, 112, **114**, 150
Brachvogel **39**
Braunkehlchen 95
Bubo bubo **60**, 102
Buchfink 103, **144**
Buntspecht **78**, 80
Bussard 50, 53, **54**, 58, 128
Buteo buteo 50, 53, **54**, 58, 128

Calidris alpina 36
– pugnax **41**
Carduelis carduelis **142**
Certhia brachydactyla **121**
Charadrius dubius **31**
Chloris chloris **143**

Chroicocephalus ridibundus **47**
Ciconia ciconia **27**
Cinclus cinclus **89**
Coccothraustes coccothraustes **148**
Coloeus monedula **130**, 134
Columba livia f. *domestica* **66**
– *palumbus* **68**
Corvus corax 131
– *cornix* 133
– *corone* **132**, 133, 134
– *frugilegus* 130, **134**
Cuculus canorus **71**, 102
Cyanistes caeruleus 65, 112, **114**, 150
Cygnus olor **14**, 64

D*elichon urbicum* 85
Dendrocopos major **78**, 80
– *medius* **80**
Distelfink **142**
Dohle **130**, 134
Dompfaff **147**
Doppelschnepfe 40
Dorngrasmücke 102
Dryocopus martius **76**

Eichelhäher 128
Eisvogel **74**
Elster 102, **127**
Emberiza citrinella 146, **150**
– *schoeniclus* **153**
Ente **18**, 65
Erithacus rubecula 71, **91**, 151
Erlenzeisig **146**
Eule 60, 61, 62, 63

F*alco peregrinus* 59
– *tinnunculus* **58**
Falke 58, 59
Fasan **21**
Feldlerche **82**
Feldsperling **139**
Felsentaube 66
Ficedula hypoleuca **111**
Fitis 106
Flussregenpfeifer **31**
Flussseeschwalbe **48**
Flussuferläufer **37**
Fringilla coelebs 103, **144**
Fulica atra **29**

G*allinago gallinago* 40
Gallinula chloropus **28**
Gans 16, 17
Garrulus glandarius **128**
Gartenbaumläufer **121**
Gartenrotschwanz 93
Gebirgsstelze **87**
Gelbspötter **105**
Gimpel **147**
Girlitz 102, 146, **149**
Goldammer 146, **150**
Graugans **16**
Graureiher **25**
Grauschnäpper **110**
Grünfink **143**
Grünspecht **77**, 103
Grus grus **30**

Habicht 57, 128
Haliaeetus albicilla **52**
Halsbandschnäpper 111
Haubenlerche **82**
Haubenmeise **118**
Haubentaucher **23**
Hausrotschwanz **93**
Hausspatz 27, 139, **140**, 151
Haussperling 27, 139, **140**, 151
Heckenbraunelle **90**
Heringsmöwe **46**
Hippolais icterina **105**
Hirundo rustica **84**, 85
Höckerschwan **14**, 64

Iberienschafstelze 88

Jagdfasan 21
Jynx torquilla **81**

Kampfläufer 41
Kernbeißer **148**
Kiebitz **34**
Kleiber **120**
Kohlmeise **112**, 114
Kolkrabe 131
Kormoran **24**
Kornweihe 50
Kranich **30**
Kuckuck **71**, 102
Kuhreiher 26
Küstenseeschwalbe 48

Lachmöwe 47
Lanius collurio **122**
– *excubitor* **126**
Larus argentatus **44**
Larus canus **42**
– *fuscus* **46**
– *michahellis* **43**
Lerche 82
Limosa limosa **38**
Lophophanes cristatus **118**
Luscinia megarhynchos **92**

Mauersegler 72
Mäusebussard 50, 53, **54**, 58, 128
Mehlschwalbe **85**
Milvus milvus 50, **53**
Misteldrossel **97**
Mittelmeermöwe 42, **43**
Mittelspecht **80**
Mönchsgrasmücke 71, **101**, 103
Motacilla alba **86**
– *cinerea* **87**
– *flava* **88**
Muscicapa striata **110**

Nachtigall 92
Nebelkrähe 133
Neuntöter **122**, 124
Nilgans **17**
Numenius arquata **39**

O*riolus oriolus* 138
Orpheusspötter 105

Parus major 112, 114
Passer domesticus 27, 139, **140**, 151
– *montanus* **139**
Perdix perdix **20**
Periparus ater **115**
Phalacrocorax carbo **24**
Phasianus colchicus **21**
Phoenicurus ochruros **93**
Phylloscopus collybita 33, 102, 105, **106**
Pica pica 102, **127**
Picus viridis **77**, 103
Pirol **138**
Podiceps cristatus **23**
Prunella modularis **90**
Pyrrhula pyrrhula **147**

Rabenkrähe 132, 133, 134
Raubwürger **126**
Rauchschwalbe **84**, 85
Raufußbussard 50, 54
Raufußkauz 63
Rebhuhn **20**
Regenbrachvogel 39
Regulus regulus **108**
Reiher 25, 26
Ringeltaube **68**
Rohrammer **153**
Rotkehlchen 71, **91**, 151
Rotmilan 50, **53**

Saatgans 16
Saatkrähe 130, **134**
Saxicola rubicola **94**
Schafstelze **88**
Schwalbe 84, 85
Schwan **14**, 64
Schwanzmeise **119**
Schwarzkehlchen **94**
Schwarzmilan 50, 53
Schwarzspecht **76**
Seeadler **52**
Seidenreiher 26
Serinus serinus 146, **149**
Silbermöwe 42, 43, **44**, 46
Silberreiher **26**
Singdrossel **96**, 97
Singschwan 14
Sitta europaea **120**
Sommergoldhähnchen 108
Spatz 27, 139, **140**, 151
Specht 76, 77, 78, 80, 81
Sperber **56**, 57
Sperlingskauz 63
Spinus spinus **146**
Stadttaube 66
Star **136**, 138
Steinkauz **63**
Sterna hirundo **48**
Stieglitz **142**
Stockente **18**, 65
Storch 27
Straßentaube **66**
Streptopelia decaocto **70**, 103
Strix aluco **62**
Sturmmöwe **42**
Sturnus vulgaris **136**, 138
Sumpfmeise 116
Sylvia atricapilla 71, **101**, 103

T*achybaptus ruficollis* 22
Tannenmeise **115**
Taube 66, 68, 70
Teichhuhn **28**
Teichrohrsänger 71, **104**
Trauerschnäpper **111**
Troglodytes troglodytes 32, **109**
Turdus merula **98**, 137
– *philomelos* **96**, 97
– *pilaris* **100**
– *viscivorus* **97**
Türkentaube **70**, 103
Turmfalke **58**

Uferschnepfe 38
Uhu **60**, 102
Upupa epops **73**

V*anellus vanellus* 34

Wacholderdrossel 100
Waldbaumläufer 121
Waldkauz **62**
Waldlaubsänger 102
Waldohreule **61**
Waldschnepfe 40
Waldwasserläufer 37
Wanderfalke **59**
Wasseramsel **89**
Wasserralle 103
Weidenmeise 116
Weißstorch **27**
Weißwangengans 16
Wendehals **81**
Wespenbussard 50, 54
Wiedehopf **73**
Wiesenschafstelze 88
Wintergoldhähnchen **108**

Zaunkönig 32, 109
Zilpzalp 33, 102, 105, **106**
Zwergschnepfe 40
Zwergschwan 14
Zwergtaucher **22**

Nix wie raus —— mit deinem NatureGuide

160 Seiten

Mit Theresa vom Instagram-Kanal „@wildpflanzen" ist Pflanzen entdecken ganz einfach. Mit ihr lernst du die Arten kennen, die wichtig sind, und erfährst, wo du sie finden kannst.

Dank ihrer praktischen Tipps hast du schnelle Erfolgserlebnisse und das Bestimmen und Unterscheiden der verschiedenen Wildpflanzenarten wird zum spannenden Naturerlebnis.

kosmos.de

Impressum

Mit 188 Farbfotos: 1 von **Friedhelm Adam** (S. 116 li.), 1 von **Mabel Amber/Pixabay** (S. 29 u.), 1 von **Dr. Günther Bethge/Frank Hecker** (S. 57), 1 von **Blickwinkel/Frank Hecker** (S. 138 o.), 2 von **Wolfgang Buchhorn/Frank Hecker** (S. 76 o., 93 li.), 1 von **Edwin Butter/Shutterstock** (S. 27 u.), 11 von **Lennart Haak** (S. 29 o., 31, 35, 37, 38, 40, 61 o., 88 o., 95, 107, 108 u.), 1 von **HandeG/iStock** (S. 51), 35 von **Frank Hecker** (S. 26 o., 34, 48, 49, 55, 62, 69, 71 beide, 79, 86 u., 89 beide, 90, 92, 93 re., 101 beide, 102, 103 o., 108 o., 109 u., 110, 112, 113, 115 beide, 119 o., 121 beide, 127 u., 142, 143, 150, 151 u.), 8 von **Samuel Houcken** (S. 20, 47 o., 52, 56 beide, 68, 144, 145), 1 von **Arto Juvonen/birdphoto.fi** (S. 119 u.), 7 von **Jochen Keller** (S. 73, 78, 84, 109 o., 132, 146, 147 u.), 2 von **Leander Khil** (S. 43, 97), 1 von **Frank Leo/fokus-natur.de** (S. 76 u.), 1 von **nataba/iStock** (S. 103 u. re.), 56 von **Kalle Nibbenhagen** (S. 2 beide, 5, 6, 7, 8, 10, 11, 12, 14, 15, 16 beide, 17, 18, 19, 25, 27 o., 28, 30 u., 36, 42 u., 44, 46, 47 u., 50, 53 u., 58 re., 61 u., 63, 64 beide, 65 beide, 66, 67, 70, 80, 81, 88 u., 91 o., 94, 98, 99, 103 u. li., 104, 111 beide, 114, 116 re., 117, 118, 122, 124, 125, 136), 1 von **Johnny_px/Pixabay** (S. 23 u.), 2 von **Torsten Pröhl/fokus-natur.de** (S. 74, 91 u.), 1 von **Rosl Rössner** (S. 59), 45 von **Mathias Schäf** (S. 21 beide, 22, 23 o., 24 o., 26 u., 30 o., 32, 33, 39 beide, 42 o., 53 o., 54, 58 li., 72, 75, 77, 85, 87, 96, 100, 105, 106, 120, 123, 126, 127 o., 130 o., 131, 133, 134, 135, 137, 138 u., 139, 140, 141, 147 o., 149 beide, 151 re., 152, 153 beide), 2 von **Rudolf Schmidt/Frank Hecker** (S. 83, 130 u.), 1 von **shivainc/Pixabay** (S. 24 u.), 1 von **Siegella/Pixabay** (S. 128), 1 von **Wendl/Peter Zeininger** (S. 60), 2 von **Konrad Wothe** (S. 41, 86 o.), 2 von **Peter Zeininger** (S. 129, 148).
Mit 57 Illustrationen von **Paschalis Dougalis/KOSMOS**.
Mit 126 Vogelstimmen auf der KOSMOS-PLUS-App von **Jean C. Roché**.
Mit 21 Filmen auf der KOSMOS-PLUS-App von **Kalle Nibbenhagen**.

Umschlag- und Klappengestaltung von **Gramisci Editorial Design (Sandra Gramisci)**, München, unter Verwendung folgender Fotos: 6 von **Kalle Nibbenhagen** (Umschlagvorderseite, Außenklappe vorne, hintere Innenklappe), 4 von **Frank Hecker** (Klappe vorne: Blau- und Kohlmeise, Kernbeißer, Schwarzkehlchen, Zaunkönig), 1 von **Leander Khil** (hintere Innenklappe: Sumpfohreule), 1 von **Leopold13/Pixabay** (Klappe vorne: Goldammer), 1 von **Andyworks/iStock** (Klappe vorne: Turmfalke) und 1 von **sharkolot/Pixabay** (Umschlagrückseite: Neuntöter).

Der Inhalt dieses Buches ist sorgfältig recherchiert und erarbeitet worden. Dennoch können weder Autoren noch Verlag für alle Angaben im Buch eine Haftung übernehmen.

DER NATURFÜHRER No. 1*

*Quelle: Media Control MC Metis, Deutschland, FY 2021, WG 420– Natur und WG 422– Naturführer, Umsatz

Unser gesamtes Programm finden Sie unter **kosmos.de**
Über Neuigkeiten informieren Sie regelmäßig unsere Newsletter, einfach anmelden unter **kosmos.de/newsletter**

Gedruckt auf chlorfrei gebleichtem Papier
© 2024, Franckh-Kosmos Verlags-GmbH & Co. KG,
Pfizerstraße 5–7, 70184 Stuttgart
Alle Rechte vorbehalten
Wir behalten uns auch die Nutzung von uns veröffentlichter Werke für Text und Data Mining im Sinne von § 44b UrhG ausdrücklich vor.
ISBN 978-3-440-17723-5
Redaktion: Stefanie Tommes
Gestaltungskonzept: Gramisci Editorial Design, München
Klappengestaltung und Sonderseiten: Gramisci Editorial Design, München
Gestaltung und Satz: Sigrid Walter, Würzburg
Produktion: Markus Schärtlein
Druck und Bindung: Longo AG, Bozen
Printed in Italy / Imprimé en Italie

FSC www.fsc.org MIX Papier | Fördert gute Waldnutzung FSC® C023164

Kalle, erzähl doch mal…

HAST DU EINEN TIPP, WIE MAN GUT IN DIE VOGELBEOBACHTUNG EINSTEIGEN KANN?

In Gesellschaft macht sie am meisten Spaß. Nimm doch an einer geführten Tour teil. Ortsgruppen von Naturschutzverbänden, Schutzstationen und Bildungseinrichtungen wie Universitäten bieten das regelmäßig an. Ich kann dir außerdem empfehlen, die Vogelbeobachtung zu deinem täglichen Begleiter zu machen: Vögel kannst du auf dem Arbeitsweg, beim Essen im Garten, beim Spazierengehen und Fahrradfahren beobachten. Halte die Augen und Ohren offen!

WO BIST DU AM LIEBSTEN ZUR VOGELBEOBACHTUNG UNTERWEGS?

Gewässer ziehen viele Vögel an und damit auch mich. Noch schöner finde ich Fahrradtouren durch abwechslungsreiche Lebensräume. Dabei freue ich mich besonders, wenn ich direkt zu Hause losradel und dann etwas Besonderes entdecke. Außerdem ist es toll, ein Gebiet mehrfach zu besuchen. Dann sehe ich mehr, weil ich schon weiß, worauf ich achten muss.

Besuche an der Nordsee sind immer großartig, weil es dort so viele Wasser- und Watvögel gibt.